"十四五"高等职业教育新形态一体化教材

金山办公编委会审核

信息技术课程系列

信息技术

（基础篇）

向春枝　赵　恒　姜志强◎主编

中国铁道出版社有限公司
CHINA RAILWAY PUBLISHING HOUSE CO., LTD.

内 容 简 介

本书以微型计算机为基础,全面系统地介绍了与计算机相关的基础知识及WPS Office基本操作。全书共五个项目,主要包括初识信息技术、设置与管理操作系统、WPS文字处理、WPS表格处理、WPS演示文稿制作等内容。

本书参考全国计算机等级考试一级WPS Office的考试大纲要求,采用项目+任务驱动式的讲解方式来训练学生的计算机操作能力,培养学生的信息素养。各任务主要以"任务目标+相关知识+任务实现"的结构进行讲解,每个项目均安排拓展练习,以便学生对所学知识进行练习和巩固。

本书既适合作为普通高等学校、高职高专院校"大学计算机基础"课程的教材或参考书,也适合作为计算机培训班的教材或计算机等级考试一级WPS Office考生的自学用书。

图书在版编目(CIP)数据

信息技术:基础篇/向春枝,赵恒,姜志强主编. —北京:中国铁道出版社有限公司,2022.8

"十四五"高等职业教育新形态一体化教材

ISBN 978-7-113-29184-6

Ⅰ.①信… Ⅱ.①向… ②赵… ③姜… Ⅲ.①电子计算机-高等职业教育-教材 Ⅳ.①TP3

中国版本图书馆CIP数据核字(2022)第095802号

书　　名:信息技术(基础篇)
作　　者:向春枝　赵　恒　姜志强

策　　划:韩从付　　　　　　　　　　编辑部电话:(010)63549508
责任编辑:陆慧萍　贾淑媛
封面设计:尚明龙
封面制作:刘　颖
责任校对:焦桂荣
责任印制:樊启鹏

出版发行:中国铁道出版社有限公司(100054,北京市西城区右安门西街8号)
网　　址:http://www.tdpress.com/51eds/

印　　刷:北京联兴盛业印刷股份有限公司
版　　次:2022年8月第1版　2022年8月第1次印刷
开　　本:850 mm×1 168 mm　1/16　印张:17　字数:370千
书　　号:ISBN 978-7-113-29184-6
定　　价:59.80元

版权所有　侵权必究

凡购买铁道版图书,如有印制质量问题,请与本社教材图书营销部联系调换。电话:(010)63550836
打击盗版举报电话:(010)63549461

"十四五"高等职业教育新形态一体化教材
编审委员会

总顾问：谭浩强（清华大学） 黄心渊（中国传媒大学）

主　任：高　林（北京联合大学）

副主任：鲍　洁（北京联合大学） 眭碧霞（常州信息职业技术学院）
　　　　孙仲山（宁波职业技术学院） 秦绪好（中国铁道出版社有限公司）

委　员：（按姓氏笔画排序）

于　京（北京电子科技职业学院）　　于　鹏（新华三技术有限公司）
于大为（苏州信息职业技术学院）　　万　冬（北京信息职业技术学院）
王　芳（浙江机电职业技术学院）　　王　坤（陕西工业职业技术学院）
王　忠（海南经贸职业技术学院）　　方水平（北京工业职业技术学校）
方凤波（荆州职业技术学院）　　　　左晓英（黑龙江交通职业技术学院）
龙　翔（湖北生物科技职业学院）　　史宝会（北京信息职业技术学院）
乐　璐（南京城市职业学院）　　　　吕坤颐（重庆城市管理职业学院）
朱伟华（吉林电子信息职业技术学院）朱震忠（西门子（中国）有限公司）
向春枝（郑州信息科技职业学院）　　邬厚民（广州科技贸易职业学院）
刘　松（天津电子信息职业技术学院）汤　徽（新华三技术有限公司）
阮进军（安徽商贸职业技术学院）　　孙　刚（南京信息职业技术学院）
孙　霞（嘉兴职业技术学院）　　　　芦　星（北京久其软件有限公司）
杜　辉（北京电子科技职业学院）　　李军旺（岳阳职业技术学院）
杨龙平（柳州铁道职业技术学院）　　杨国华（无锡商业职业技术学院）
吴和群（呼和浩特职业学院）　　　　吴　俊（义乌工商职业技术学院）
汪晓璐（江苏经贸职业技术学院）　　张　伟（浙江求是科教设备有限公司）

张明白（百科荣创（北京）科技发展有限公司）　　陈小中（常州工程职业技术学院）

陈子珍（宁波职业技术学院）　　陈云志（杭州职业技术学院）

陈晓男（无锡科技职业学院）　　陈祥章（徐州工业职业技术学院）

邵　瑛（上海电子信息职业技术学院）　　武春岭（重庆电子工程职业学院）

苗春雨（杭州安恒信息技术股份有限公司）　　罗保山（武汉软件职业技术学院）

胡大威（武汉职业技术学院）　　胡光永（南京工业职业技术大学）

姜大庆（南通科技职业学院）　　姜志强（金山办公软件股份有限公司）

聂　哲（深圳职业技术学院）　　贾树生（天津职业大学）

倪　勇（浙江机电职业技术学院）　　徐守政（杭州朗迅科技有限公司）

盛鸿宇（北京联合大学）　　崔英敏（私立华联学院）

葛　鹏（随机数（浙江）智能科技有限公司）　　焦　战（辽宁轻工职业学院）

曾文权（广东科学技术职业学院）　　温常青（江西环境工程职业学院）

赫　亮（北京金芥子国际教育咨询有限公司）　　蔡　铁（深圳信息职业技术学院）

谭方勇（苏州职业大学）　　翟玉锋（烟台职业技术学院）

樊　睿（杭州安恒信息技术股份有限公司）

秘　书：翟玉峰（中国铁道出版社有限公司）

序

  2021年十三届全国人大四次会议表决通过的《中华人民共和国国民经济和社会发展第十四个五年规划和2035年远景目标纲要》，对我国社会主义现代化建设进行了全面部署。"十四五"时期对国家的要求是高质量发展，对教育的定位是建立高质量的教育体系，对职业教育的定位是增强职业教育的适应性。当前，在百年未有之大变局下，在"十四五"开局之年，如何切实推动落实《国家职业教育改革实施方案》《职业教育提质培优行动计划（2020—2023年）》等文件要求，是新时代职业教育适应国家高质量发展的核心任务。伴随新科技和新工业化发展阶段的到来和我国产业高端化转型，必然引发企业用人需求和聘用标准随之发生新的变化，以人才需求为起点的高职人才培养理念使创新中国特色人才培养模式成为高职战线的核心任务，为此国务院和教育部制订和发布的包括"1+X"职业技能等级证书制度、专业群建设、"双高计划"、专业教学标准、信息技术课程标准、实训基地建设标准等一系列具体的指导性文件，为探索新时代中国特色高职人才培养指明了方向。

  要落实国家职业教育改革一系列文件精神，培养高质量人才，就必须解决"教什么"的问题，必须解决课程教学内容适应产业新业态、行业新工艺、新标准要求等难题，教材建设改革创新就显得尤为重要。国家这几年对于职业教育教材建设加大力度，2019年，教育部发布了《职业院校教材管理办法》（教材〔2019〕3号）、《关于组织开展"十三五"职业教育国家规划教材建设工作的通知》（教职成司函〔2019〕94号），在2020年又启动了《首届全国教材建设奖全国优秀教材（职业教育与继续教育类）》评选活动，这些都旨在选出具有职业教育特色的优秀教材，并对下一步如何建设好教材进一步明确了方向。在这种背景下，坚持以习近平新时代中国特色社会主义思想为指导，落实立德树人根本任务，适应新技术、新产业、新业态、新模式对人才培养的新要求，中国铁道出版社有限公司邀请我与鲍洁教授共同策划组织了"'十四五'高等职业教育新形态一体化教材"，尤其是我国知名计算机教育专家谭浩强教授、全国高等院校计算机基础教育研究会会长黄心渊教授对课程建设和教材编写都提出了重要的指导意见。这套教材在设计上把握了这样几个原则：

1. 价值引领、育人为本。牢牢把握教材建设的政治方向和价值导向，充分体现党和国家的意志，体现鲜明的专业领域指向性，发挥教材的铸魂育人、关键支撑、固本培元、文化交流等功能和作用，培养适应创新型国家、制造强国、网络强国、数字中国、智慧社会的不可或缺的高层次、高素质技术技能型人才。

2. 内容先进、突出特性。充分发挥高等职业教育服务行业产业优势，及时将行业、产业的新技术、新工艺、新规范作为内容模块，融入教材中去。并且为强化学生职业素养养成和专业技术积累，将专业精神、职业精神和工匠精神融入教材内容，满足职业教育的需求。此外，为适应项目学习、案例学习、模块化学习等不同学习方式要求，注重以真实生产项目、典型工作任务、案例等为载体组织教学单元式、新型活页式、工作手册式等教材，反映人才培养模式和教学改革方向，有效激发学生学习兴趣和创新潜能。

3. 改革创新、融合发展。遵循教育规律和人才成长规律，结合新一代信息技术发展和产业变革对人才的需求，加强校企合作、深化产教融合，深入推进教材建设改革。加强教材与教学、教材与课程、教材与教法、线上与线下的紧密结合，以及信息技术与教育教学的深度融合，通过配套数字化教学资源，满足教学需求和符合学生特点的新形态一体化教材。

4. 加强协同、锤炼精品。准确把握新时代方位，深刻认识新形势新任务，激发教师、企业人员内在动力。组建学术造诣高、教学经验丰富、熟悉教材工作的专家队伍，支持科教协同、校企协同、校际协同开展教材编写，全面提升教材建设的科学化水平，打造一批满足学科专业建设要求，能支撑人才成长需要、经得起实践检验的精品教材。

按照教育部关于职业院校教材的相关要求，充分体现工业和信息化领域相关行业特色，以高职专业和课程改革为基础，编写信息技术课程、专业群平台课程、专业核心课程等所需教材。本套教材计划出版4个系列，具体为：

1. 信息技术课程系列。教育部发布的《高等职业教育专科信息技术课程标准（2021年版）》给出了高职计算机公共课程新标准，新标准由必修的基础模块和由12项内容组成的拓展模块两部分构成。拓展模块反映了新一代信息技术对高职学生的新要求，各地区、各学校可根据国家有关规定，结合地方资源、学校特色、专业需要和学生实际情况，自主确定拓展模块教学内容。在这种新标准、新模式、新要求下构建了该系列教材。

2. 电子信息大类专业群课程系列。高等职业教育大力推进专业群建设，基于产业需求的专业结构，使人才培养更适应现代产业的发展和职业岗位的变化。构建具有引领作用的专业群平台课程和开发相关教材，彰显专业群的特色优势地位，提升电子信息大类专业群平台课程在高职教育中的影响力。

3. 新一代信息技术类典型专业课程系列。以人工智能、大数据、云计算、移动通信、物联网、区块链等为代表的新一代信息技术，是信息技术的纵向升级，也是信息技术之间及其与相关产业的横向融合。在此技术背景下，围绕新一代信息技术专业群（专业）建设需要，重点聚焦这些专业群（专业）缺乏教材或者没有高水平教材的专业核心课程，完善专业教材体系，支撑新专业加快发展建设。

4. 本科专业课程系列。在厘清应用型本科、高职本科、高职专科关系，明确高职本科服务目标，准确定位高职本科基础上，研究高职本科电子信息类典型专业人才培养方案和课程体系，重在培养高层次技术技能型人才，组织编写该系列教材。

新时代，职业教育正在步入创新发展的关键期，与之配合的教育模式以及相关的诸多建设都在深入探索，按照"选优、选精、选特、选新"的原则，发挥在高等职业教育领域的院校、企业的特色和优势，调动高水平教师、企业专家参与，整合学校、行业、产业、教育教学资源，充分发挥教材建设在提高人才培养质量中的基础性作用，集中力量打造与我国高等职业教育高质量发展需求相匹配、内容形式创新、教学效果好的课程教材体系，努力培养德智体美劳全面发展的高层次、高素质技术技能人才。

本套教材内容前瞻、体系灵活、资源丰富，是值得关注的一套好教材。

国家职业教育指导咨询委员会委员
北京高等学校高等教育学会计算机分会理事长
全国高等院校计算机基础教育研究会荣誉副会长
2021年8月

前　言

随着计算机应用的发展和 IT 的普及，计算机的应用已经深入到日常生活和工作当中，成为各行各业办公、业务开展、通信的基础设施，许多关系到国计民生的重要信息系统都依赖于计算机去完成。由于计算机在日常生活中的影响日益增大，熟练应用计算机进行日常工作与管理成为现代信息社会中非常迫切的要求。为此，在本书的编写过程中，编者认真总结了全国职业学校多年来的教学成果，结合了企业职业岗位的客观需求，吸收了发达国家先进的职教理念，力争体现职业教育的性质、任务和培养目标。

本书采用了任务驱动的编写模式，通过一系列的任务，引导学生完成每一个教学目标。这些任务有效地将各知识点生动地展示出来，给学生营造了一个更加直观的认知环境。本书的开发理念是依据《高等职业教育专科信息技术课程标准（2021 年版）》的最新要求，既能够满足国家高等职业教学专科信息技术课程标准，又能涵盖 WPS 办公应用 1+X 中级认证知识点，达到课证融通的开发目标。本书的创新之处在于校企双元开发，融合课程思政，强化学生职业素养养成和专业技术积累；采用新型活页式的装订形式，便于教材内容随信息技术发展和产业升级及时动态更新；同时，制作了精良的微课视频，扫描书中的二维码即可观看视频进行学习，便于开展线上线下混合式教学。在编写过程中，教材编写团队充分吸收项目化教学优势，以大学生职业生涯规划大赛为主线，任务引领实践内容，让学生在学到理论知识的同时，更能在动手实践中提升技能，提高学生的兴趣、增强学生的获得感。

本书涉及的操作系统及应用软件为 Windows 10 及 WPS Office，其具体内容包括：初识信息技术，主要包括计算机的发展历史、计算机的信息表示与存储方式、计算思维和信息素养与社会责任；设置与管理操作系统，主要介绍操作系统方面的基础知识；WPS文字处理，主要包括WPS文字的格式设置、表格编辑、插入对象、长文档管理等内容；WPS表格处理，主要包括WPS表格的格式设置、数据处理、函数使用、图表制作、审阅与安全等内容；WPS演示文稿制作，主要包括WPS演示的建立、编辑与排版、动画制作与多媒体合成、演示、文件处理等内容。本书的案例选取以贴近大学生实际的"大学生职业生涯规划"为例，以大学生参加职业生涯规划大赛需要制作的文字、表格、演示为主线，引领和贯穿教材的始终，使得学生能够在学习时，切切实实地感受到所学知识的重要作用和效果，并能为自己参加大赛和今后的学习、工作打下良好的信息技术基础，在实践锻炼中培养和提高自己的信息化能力和素养。

  本书编写团队成员均有本门课程多年的讲授经验，对目前学生基础、学习方式、学习规律都有很深理解；编写团队近几年主编了多本计算机相关教材，都获得较好的效果；选择WPS国产软件为主线，与国家现阶段大力推行国产软件，达到自主可控、支持国产化的目的吻合。本书由郑州信息科技职业学院向春枝、赵恒，金山办公软件股份有限公司姜志强任主编；郑州信息科技职业学院王友顺、李慧慧、李全武、刘亚同，河南建筑职业技术学院于博担任副主编；河南建筑职业技术学院黄振颖参与编写。主要分工如下：项目1由赵恒编写，项目2由刘亚同编写，项目3由赵恒、李全武编写，项目4由王友顺编写，项目5由李慧慧编写；书中相关案例与素材由于博、黄振颖整理。全书由向春枝、赵恒、姜志强策划、设计和统筹。在编写过程中参考了部分教材和资料，在此向所有作者表示衷心感谢！

  由于编者经验与学识所限，加之时间仓促，书中难免有疏漏和不足之处，恳请广大读者提出宝贵的意见，以便进一步修订和完善。

编　者

2022年4月

目 录

项目1　初识信息技术 …………………………………………………………… 1
引导案例 ………………………………………………………………………… 1
学习目标 ………………………………………………………………………… 1

任务1　了解计算机的诞生、发展与未来 ………………………………… 1
任务目标 …………………………………………………………………… 1
相关知识 …………………………………………………………………… 2
任务实现 …………………………………………………………………… 8

任务2　认识计算机中信息的表示与存储 ………………………………… 8
任务目标 …………………………………………………………………… 8
相关知识 …………………………………………………………………… 8
任务实现 …………………………………………………………………… 13

任务3　认识计算思维 ……………………………………………………… 14
任务目标 …………………………………………………………………… 14
相关知识 …………………………………………………………………… 14
任务实现 …………………………………………………………………… 17

任务4　认识信息素养与社会责任 ………………………………………… 21
任务目标 …………………………………………………………………… 21
相关知识 …………………………………………………………………… 21
任务实现 …………………………………………………………………… 25

任务5　认识新一代信息技术 ……………………………………………… 26
任务目标 …………………………………………………………………… 26
相关知识 …………………………………………………………………… 26
任务实现 …………………………………………………………………… 35

拓展练习 ………………………………………………………………………… 36

项目2　设置与管理操作系统 …………………………………………………… 37
引导案例 ………………………………………………………………………… 37
学习目标 ………………………………………………………………………… 37

任务1 了解操作系统 38
    任务目标 38
    相关知识 38
    任务实现 41

任务2 初识 Windows 10 41
    任务目标 41
    相关知识 42
    任务实现 45

任务3 设置 Windows 10 50
    任务目标 50
    相关知识 50
    任务实现 52

任务4 应用 Windows 10 55
    任务目标 55
    相关知识 55
    任务实现 56

任务5 使用 WinRAR 压缩软件 59
    任务目标 59
    相关知识 59
    任务实现 60

任务6 设置磁盘清理、优化驱动器、Msconfig 60
    任务目标 60
    相关知识 61
    任务实现 61

拓展练习 63

项目3 WPS 文字处理 64
引导案例 64
学习目标 64

任务1 创建文档——创建"大学生职业生涯规划"文档 65
    需求分析 65
    方案设计 65
    相关知识 65

任务实现 71

任务2　格式设置——制作"大学生职业生涯规划"文档 71
　　需求分析 71
　　方案设计 71
　　相关知识 72
　　任务实现 94

任务3　表格编辑——编制"大学生职业生涯规划"文档中的表格 98
　　需求分析 98
　　方案设计 98
　　相关知识 98
　　任务实现 107

任务4　插入对象——设计"大学生职业生涯规划"个人简介 108
　　需求分析 108
　　方案设计 108
　　相关知识 109
　　任务实现 115

任务5　长文档管理——"大学生职业生涯规划"文档排版 116
　　需求分析 116
　　方案设计 116
　　相关知识 118
　　任务实现 135

拓展练习 137

项目4　WPS表格处理 138

引导案例 138
学习目标 138

任务1　格式设置——制作班级成绩表 139
　　需求分析 139
　　方案设计 139
　　相关知识 139
　　任务实现 158

任务2　数据处理——处理班级成绩表 159
　　需求分析 159

        方案设计 159
        相关知识 159
        任务实现 175
    任务 3　函数使用——统计班级成绩表 177
        需求分析 177
        方案设计 178
        相关知识 178
        任务实现 184
    任务 4　图表制作——制作班级成绩图表 185
        需求分析 185
        方案设计 185
        相关知识 185
        任务实现 191
    任务 5　审阅与安全——保护班级成绩 191
        需求分析 191
        方案设计 191
        相关知识 191
        任务实现 193
    拓展练习 195

项目 5　WPS 演示文稿制作 196
    引导案例 196
    学习目标 196
    任务 1　建立演示文稿——创建"大学生职业生涯规划"演示文稿 196
        需求分析 196
        方案设计 197
        相关知识 197
        任务实现 203
    任务 2　编辑与排版演示文稿——编辑"大学生职业生涯规划"演示文稿内容 204
        需求分析 204
        方案设计 205
        相关知识 205
        任务实现 220

| 任务 3 | 添加演示文稿动画与合成多媒体——美化"大学生职业生涯规划"演示文稿 | 226 |

  需求分析 226
  方案设计 226
  相关知识 227
  任务实现 236

任务 4　演示演示文稿——深度美化及放映"大学生职业生涯规划"演示文稿............ 237
  需求分析 237
  方案设计 237
  相关知识 238
  任务实现 247

任务 5　处理演示文稿文件——加密"大学生职业生涯规划"演示文稿等 249
  需求分析 249
  方案设计 249
  相关知识 249
  任务实现 254

拓展练习 254

参考文献 256

项目 1 初识信息技术

随着计算机应用的发展和普及，信息技术已经深入到日常生活和工作中的方方面面。计算机是一门科学，同时也是一种能够按照指令对各种数据和信息进行自动加工和处理的电子设备。因此，掌握信息技术已经成为各行业对从业人员的基本要求之一。

引导案例

小红进入大学后对计算机的应用非常感兴趣，虽然她平时在生活中也会使用计算机，但是她知道计算机的功能远不止她看到的那么简单。在日常学习生活中，小红迫切想了解计算机是如何诞生与发展的，以及在信息社会该如何运用计算思维理解社会现象。本项目将介绍计算机的诞生与发展、计算机中信息的表示和存储形式、计算思维的特点与方法、维护信息安全的手段，以及新一代信息技术。

学习目标

- 了解计算机的发展历程。
- 认识计算机中信息的表示与存储形式。
- 掌握计算思维的特点与方法。
- 理解信息素养与社会责任。
- 能够正确看待信息社会发生的现象。

任务 1 了解计算机的诞生、发展与未来

任务目标

- 了解计算机的诞生及发展。
- 认识计算机的特点、应用和分类。
- 了解计算机的发展趋势等相关知识。

相关知识

1. 计算机的诞生及发展

17世纪，德国数学家莱布尼茨发明了二进制计数法。20世纪初，电子技术得到飞速发展。1904年，英国电机工程师弗莱明研制出真空二极管；1906年，美国科学家福雷斯特发明真空三极管，为计算机的诞生奠定了基础。

20世纪40年代，西方国家的工业技术得到迅猛发展，相继出现了雷达和导弹等高科技产品，大量运用复杂计算的科技产品使原有的计算工具无能为力，迫切需要在计算技术上有所突破。1943年正值第二次世界大战，由于军事上的需要，美国宾夕法尼亚大学电子工程系的教授莫克利和他的研究生埃克特计划采用真空管建造一台通用电子计算机，这个计划被军方采纳。1946年2月，由美国宾夕法尼亚大学研制的世界上第一台通用电子计算机——电子数字积分计算机（Electronic Numerical Integrator And Computer，ENIAC）诞生了，如图1-1所示。

图1-1　世界上第一台计算机ENIAC

ENIAC的主要元件是电子管，每秒可完成5 000次加法运算、300多次乘法运算，比当时最快的计算工具要快300倍。ENIAC重30多吨，占地170㎡，采用了18 000多个电子管、1 500多个继电器、70 000多个电阻和10 000多个电容，每小时耗电量为150 kW。虽然ENIAC的体积庞大、性能不佳，但它的出现具有跨时代的意义，它开创了电子技术发展的新时代——计算机时代。

同一时期，离散变量自动电子计算机（Electronic Discrete Variable Automatic Computer，EDVAC）研制成功，这是当时最快的计算机，其主要设计理论是采用二进制代码和存储程序工作方式。

从第一台计算机ENIAC诞生至今，计算机技术成为发展最快的现代技术之一。根据计算机所采用的物理器件，可以将计算机的发展划分为4个阶段，如表1-1所示。

表 1-1　计算机发展的 4 个阶段

阶段	划分年代	采用的元器件	运算速度（每秒指令数）	主要特点	应用领域
第一代计算机	1946—1957 年	电子管	几千条	主存储器采用磁鼓，体积庞大、耗电量大、运行速度低、可靠性较差、内存容量小	国防及科学研究工作
第二代计算机	1958—1964 年	晶体管	几万~几十万条	主存储器采用磁芯，开始使用高级程序及操作系统，运算速度提高、体积减小	工程设计、数据处理
第三代计算机	1965—1970 年	中小规模集成电路	几十万~几百万条	主存储器采用半导体存储器，集成度高、功能增强、价格下降	工业控制、数据处理
第四代计算机	1971 年至今	大规模、超大规模集成电路	上千万~万亿条	计算机走向微型化，性能大幅提高，软件也越来越丰富，为网络化创造了条件。同时，计算机逐渐走向人工智能化，并采用了多媒体技术，具有听、说、读和写等功能	工业、生活等各个方面

2. 计算机的特点、应用和分类

随着科学技术的发展，计算机已被广泛应用于各个领域，在人们的生活和工作中起着重要的作用。下面介绍计算机的特点、应用和分类：

（1）计算机的特点

计算机主要有以下 5 个特点：

① 运算速度快。计算机的运算速度指的是单位时间内执行指令的条数，一般以每秒能执行多少条指令来描述。早期的计算机由于技术的原因，工作效率较低，而随着集成电路技术的发展，计算机的运算速度得到飞速提升，目前世界上已经有超过每秒亿亿次运算速度的计算机。

② 计算精度高。计算机的运算精度取决于采用机器码的字长（二进制码），即常说的 8 位、16 位、32 位和 64 位等，机器码的字长越长，有效位数就越多，精度也就越高。

③ 逻辑判断准确。除了计算功能外，计算机还具备数据分析和逻辑判断能力，高级计算机还具有推理、诊断和联想等模拟人类思维的能力，因此计算机俗称为"电脑"，而具有准确、可靠的逻辑判断能力是计算机能够实现自动化信息处理的重要保证。

④ 存储能力强大。计算机具有许多存储信息的载体，可以将运行的数据、指令程序和运算的结果存储起来，供计算机本身或用户使用，还可即时输出文字、图像、声音和视频等各种信息。例如，要在一个大型图书馆人工查阅书目可能会比较复杂，而采用计算机管理后，所有的图书目录及索引都存储在计算机中，这时查找一本图书只需要几秒。

⑤ 自动化程度高。计算机内具有运算单元、控制单元、存储单元和输入 / 输

出单元。计算机可以按照编写的程序(一组指令)实现工作自动化,不需要人的干预,而且可以反复执行。例如,正是因为企业生产车间及流水线管理中的各种自动化生产设备植入了计算机控制系统,工厂生产自动化才成为可能。

> **提示:**
> 除了以上主要特点外,计算机还具有可靠性高和通用性强等特点。

(2)计算机的应用

在诞生的初期,计算机主要应用于科研和军事等领域,负责的工作内容主要是大型的高科技研发活动。近年来,随着社会的发展和科技的进步,计算机的功能不断扩展,计算机在社会的各个领域都得到了广泛的应用。

计算机的应用可以概括为以下7个方面:

① 科学计算。科学计算即通常所说的数值计算,是指利用计算机来完成科学研究和工程设计中提出的数学问题的计算。计算机不仅能进行数字运算,还可以解微积分方程以及不等式。由于计算机运算速度较快,因此以往人工难以完成甚至无法完成的数值计算,使用计算机都可以完成,如气象资料分析和卫星轨道的测算等。目前,基于互联网的云计算甚至可以体验每秒10万亿次的超强运算能力。

② 数据处理和信息管理。数据处理和信息管理是指使用计算机来完成对大量数据进行的分析、加工和处理等工作,这些数据不仅包括"数",还包括文字、图像和声音等。现代计算机速度快、存储容量大,因此在数据处理和信息加工方面的应用十分广泛,如企业的财务管理、事务管理、资料和人事档案的文字处理等,计算机在数据处理和信息管理方面的应用为实现办公自动化和管理自动化创造了有利条件。

③ 过程控制。过程控制也称为实时控制,它是指利用计算机对生产过程和其他过程进行自动检测,以及自动控制设备工作状态的一种控制方式,被广泛应用于各种工业环境中,还可以取代人在危险、有害的环境中作业。计算机作业不受疲劳等因素的影响,可完成大量有高精度和高速度要求的操作,节省了大量的人力物力,并大大提高了经济效益。

④ 人工智能。人工智能(Artificial Intelligence,AI)是指设计智能的计算机系统。人工智能具备人才具有的智能特性,能模拟人类的智能活动,如"学习""识别图形和声音""推理过程""适应环境"等。目前,人工智能主要应用于智能机器人、机器翻译、医疗诊断、故障诊断、案件侦破和经营管理等方面。

⑤ 计算机辅助。计算机辅助也称为计算机辅助工程应用,是指利用计算机协助人们完成各种设计工作的技术。计算机辅助是目前正在迅速发展并不断取得成果的重要应用领域,主要包括计算机辅助设计(Computer Aided Design,CAD)、计

算机辅助制造（Computer Aided Manufacturing，CAM）、计算机辅助工程（Computer Aided Engineering，CAE）、计算机辅助教学（Computer Aided Instruction，CAI）和计算机辅助测试（Computer Aided Testing，CAT）等。

⑥ 网络通信。网络通信利用通信设备和线路将地理位置不同的、功能独立的多个计算机系统连接起来，从而形成一个计算机网络。随着 Internet 技术的快速发展，人们通过计算机网络可以在不同国家和地区进行数据的传递，并可以进行各种商务活动。

⑦ 多媒体技术。多媒体技术（Multimedia Technology）是指通过计算机对文字、数据、图形、图像、动画和声音等多种媒体信息进行综合处理和管理，使用户可以通过多种感官与计算机进行实时信息交互的技术。多媒体技术拓宽了计算机的应用领域，使计算机广泛应用于教育、广告宣传、视频会议、服务业和文化娱乐业等领域。

（3）计算机的分类

计算机的种类非常多，划分的方法也有很多种。

按计算机的用途可将其分为专用计算机和通用计算机两种。其中，专用计算机是指为适应某种特殊需要而设计的计算机，如计算导弹弹道的计算机等。因为这类计算机都强化了计算机的某些特定功能，忽略了一些次要需求，所以有高速度、高效率、使用面窄和专机专用的特点。通用计算机广泛适用于一般科学运算、学术研究、工程设计和数据处理等领域，具有功能多、配置全、用途广和通用性强等特点。目前市场上销售的计算机大多属于通用计算机。

按计算机的性能、规模和处理能力，可以将计算机分为巨型机、大型机、中型机、小型机和微型机 5 类，具体介绍如下：

① 巨型机。巨型机也称超级计算机或高性能计算机，如图 1-2 所示。巨型机是速度最快、处理能力最强的计算机之一，是为满足少数部门的特殊需要而设计的。巨型机多用于国家高科技领域和尖端技术研究，是一个国家科研实力的体现，现有的超级计算机运算速度大多可以达到每秒 1 亿亿次以上。

② 大型机。大型机也称为大型主机，如图 1-3 所示。大型机的特点是运算速度快、存储量大和通用性强，主要针对计算量大、信息流通量大、通信需求大的用户，如银行、政府部门和大型企业等。目前，生产大型机的公司主要有 IBM、DEC 和富士通等。

③ 中型机。中型机的性能低于大型机，其特点是处理能力强，常用于中小型企业。

图 1-2 巨型机

图 1-3 大型机

④ 小型机。小型机是指采用精简指令集处理器，性能和价格介于微型机和大型机之间的一种高性能 64 位计算机。小型机的特点是结构简单、可靠性高和维护费用低，它常用于中小型企业。随着微型计算机的飞速发展，小型机最终被微型机取代的趋势已非常明显。

⑤ 微型机。微型计算机简称微机，是应用最普及的机型，而且其价格便宜、功能齐全，被广泛应用于机关、学校、企业、事业单位和家庭。微型机按结构和性能可以划分为单片机、单板机、个人计算机（PC）、工作站和服务器等。其中个人计算机又可分为台式计算机和便携式计算机（如笔记本计算机）两类，分别如图 1-4 和图 1-5 所示。

图 1-4 台式计算机

图 1-5 便携式计算机

提示：

工作站是一种高端的通用微型计算机，它可以提供比个人计算机更强大的性能，通常配有高分辨率的大屏、多屏显示器及容量很大的内存储器和外存储器，并具有极强的信息功能和高性能的图形图像处理功能，主要用于图像处理和计算机辅助设计领域。服务器是提供计算服务的设备，它可以是大型机、小型机或高档微机。在网络环境下，服务器根据提供服务的类型，可分为文件服务器、数据库服务器、应用程序服务器和 Web 服务器等。

3. 计算机的发展趋势

下面从计算机的发展方向和未来新一代计算机芯片技术这两个方面对计算机的发展趋势进行介绍。

（1）计算机的发展方向

计算机未来的发展呈现出巨型化、微型化、网络化和智能化。

巨型化。巨型化是指计算机的计算速度更快、存储容量更大、功能更强和可靠性更高。巨型化计算机的应用范围主要包括天文、天气预报、军事和生物仿真等。这些领域需进行大量的数据处理和运算，这些数据处理和运算只有性能强的计算机才能完成。

微型化。随着超大规模集成电路的进一步发展，个人计算机将更加微型化。膝上型、书本型、笔记本型和掌上型等微型化计算机将不断涌现，并会受到越来越多的用户喜爱。

网络化。随着计算机的普及，计算机网络也逐步深入人们的工作和生活。人们通过计算机网络可以连接全球分散的计算机，然后共享各种分散的计算机资源。计算机网络逐步成为人们工作和生活中不可或缺的事物，它可以让人们足不出户就获得大量的信息，并能与世界各地的人进行网络通信、网上贸易等。

智能化。早期，计算机只能按照人的意愿和指令去处理数据，而智能化的计算机能够代替人进行脑力劳动，具有类似人的智能，如能听懂人类的语言、能看懂各种图形、可以自己学习等。智能化的计算机可以代替人的部分工作，未来的智能化计算机将会代替甚至超越人类在某些方面的脑力劳动。

（2）未来新一代计算机芯片技术

由于计算机最重要的核心部件是芯片，因此计算机芯片技术的不断发展也是推动计算机未来发展的动力。Intel公司的创始人之一戈登·摩尔在1965年曾预言了计算机集成技术的发展规律，那就是每18个月在同样面积的芯片中集成的晶体管数量将翻一番，而其成本将下降一半。几十年来，计算机芯片的集成度按照摩尔定律发展，不过该技术的发展并不是无限的。现有计算机采用电流作为数据传输的信号，而电流主要靠电子的迁移而产生，电子最基本的通路是原子，按现在的发展趋势，传输电流的导线直径将达到一个原子的直径长度，但这样的电流极易造成原子迁移，十分容易出现断路的情况。因此世界上许多国家在很早的时候就开始了对各种非晶体管计算机的研究，如DNA生物计算机、光计算机、量子计算机等。这类计算机也被称为第五代计算机或新一代计算机，它们能在更大程度上模仿人的智能。这类技术也是目前世界各国计算机技术研究的重点。

DNA生物计算机。DNA生物计算机以脱氧核糖核酸（Deoxyribo Nucleic Acid，DNA）作为基本的运算单元，通过控制DNA分子间的生化反应来完成运算。

DNA 计算机具有体积小、存储量大、运算快、耗能低、可并行等优点。

光计算机。光计算机是以光作为载体来进行信息处理的计算机。光计算机具有光器件的带宽非常大、传输和处理的信息量极大、信息传输中畸变和失真小、信息运算速度高、光传输和转换时能量消耗极低等优点。

量子计算机。量子计算机是遵循物理学的量子规律来进行多数计算和逻辑计算，并进行信息处理的计算机。量子计算机具有运算速度快、存储量大、功耗低等优点。

任务实现

随着经济和科技的不断发展，计算机在人们的工作和生活中发挥着越来越重要的作用，甚至成为一种必不可少的工具。计算机技术已广泛应用到教育、经济、文化和科研等领域，请你调研计算机在生活中具体的应用场景，并通过调研报告描述计算机技术在该场景中表现出的特点。

任务2 认识计算机中信息的表示与存储

任务目标

- 掌握计算机中信息的表示与编码形式。
- 掌握计算机中信息的二进制存储。
- 掌握计算机中二进制与其他常用数制之间的数据转化。

相关知识

1. 计算机中信息的表示与编码

计算机中有多种多样的信息，不同信息的表示和编码形式也不尽相同，本部分主要介绍计算机中信息的二进制编码、数值型信息的表示与编码、字符型信息的表示与编码、图形图像信息的表示与编码、视频信息的表示与编码、音频信息的表示与编码等内容。

（1）计算机中信息的编码

计算机中的信息采用二进制进行编码，二进制编码有以下几个优点：
- 二进制数易于物理实现。
- 二进制数运算简单。
- 二进制数能使机器可靠性高。
- 基于二进制数的编码通用性强。

（2）数值型信息的表示与编码

① 原码。

正数：符号位为0，其他位按一般的方法表示数的绝对值，以十进制数11为例，转换成八位二进制原码编码为（0000 1011）$_2$。

负数：符号位为1，其他位按一般的方法表示数的绝对值，以十进制数-11为例，转换成八位二进制原码编码为：（1000 1011）$_2$。

② 反码。

正数：与原码相同，以十进制数11为例，转换成八位二进制反码编码为（0000 1011）$_2$。

负数：原码除符号位外的各位按位取反，以十进制数-11为例，转换成八位二进制反码编码为（1111 0100）$_2$。

③ 补码。

正数：与原码相同，以十进制数11为例，转换成八位二进制补码编码为（0000 1011）$_2$。

负数：反码在其最低位加1，以十进制数-11为例，转换成八位二进制补码编码为（1111 0101）$_2$。

（3）字符型信息的表示与编码

① 字符编码（ASCII码）。

用一个字节中的低7位（最高位为0）来表示128个不同的字符，包括键盘上可输入并显示和打印的95个字符（包括大、小写各26个英文字母，0~9共10个数字，还有33个通用运算符和标点符号等）及33个控制代码。

② 汉字编码。

汉字的输入码：汉字输入码也称外码，是专门用来向计算机输入汉字的编码。例如，全拼编码、五笔字型码。

汉字的内码：目前使用最广泛的一种国标码是GB 2312—1980。

汉字的字形码：在汉字系统中，一般采用点阵来表示字形，如256×256点阵表示汉字。

（4）图形图像信息的表示与编码

① 位图图像（Bitmap）。

通过图像扫描仪或数码摄像机采集并输入到计算机的图像，是由离散行列组成的图像点阵，称为数字图像。文件扩展名为.BMP、.PNG、.PCX、.TIF、.JPG和.GIF等。

② 矢量图形（Vector Graphics）。

用一组描述构成该图形的所有图形单元（如点、直线、圆、矩形、曲线等）的位置、形状等参数的指令来表示该图形。

（5）视频信息的表示与编码

视频（Video）是由一幅幅静止的图像（称为帧 frame）组成的序列。

视频图像（包括静止图像）都是先经过压缩，再进行存储、传送和显示的，而显示时要进行解压。

（6）音频信息的表示与编码

声音或者音频信息在计算机中常以数字音频的形式表示。数字音频是声（音）波（形）数字化的结果，将连续的声音波形离散化，主要包括采样和量化。

数字音频的质量取决于采样频率和量化位数，采样频率越高、量化位数越多，音频质量就越好。

计算机中，声音的采样频率为 40 kHz 左右，量化位数有 8 位、16 位或 32 位。

2. 计算机中信息的二进制存储

（1）计算机中的数据单位表示

数据是指能够输入计算机并被计算机处理的数字、字母和符号的集合。在计算机内部，数据都是以二进制的形式存储和运算的。在计算机内，数据可用以下单位进行表示：

① 位（bit）。二进制数据中的位是计算机存储数据的最小单位。一个二进制代码称为一位。

② 字节（Byte）。在对二进制数据进行存储时，以 8 位二进制代码为一个单元存放在一起，称为字节，简记为 B。字节是计算机数据处理的最基本单位。

③ 字（Word）。一条指令或一个数据信息，称为一个字。字是计算机信息交换、处理、存储的基本单元。

④ 字长。字长是 CPU 能够直接处理的二进制的数据位数，它直接关系到计算机的精度、功能和速度。字长越长，处理能力就越强。计算机型号不同，其字长是不同的，常用的字长有 8 位、16 位、32 位和 64 位。对于存储器来说，无论 CPU 的字长是 8 位、16 位、32 位或 64 位，存储器的存储单元都是 8 的倍数。因此，存储器的容量都是以字节作为基本计数单位的。表示存储器容量的常用单位有 B（字节）、KB（千字节）、MB（兆字节）、GB（吉字节）和 TB（太字节）等。

它们之间的换算关系是：

1 B = 8 bit

1 KB = 1 024 B

1 MB = 1 024 KB

1 GB = 1 024 MB

1 TB = 1 024 GB

（2）计算机内的常用数制

在日常生活中，最常使用的是十进制数，而计算机内部使用的数制却是二进制。计算机内部使用二进制的原因是：

- 计算机是由逻辑电路组成的，逻辑电路通常只有两个状态：开关的接通与断开。这两种状态正好可以用"1"和"0"表示。
- 简化运算规则：两个二进制数和、积运算组合各有三种，运算规则简单，有利于简化计算机内部结构、提高运算速度。有时为了方便，也用到八进制或十六进制。

① 十进制。十进制是一种进位计数制，用十个不同的符号（0、1、2、3、4、5、6、7、8、9）来表示，其符号称为数码，采取"逢十进一"的计数方法。全部数码的个数称为基数（十进制的基数就是10），不同的位置有各自的位权（如十进制数个位上的位权是 10^0，十位上的位权是 10^1）。

② 二进制。二进制只有两个数码（0 和 1），采用"逢二进一"的原则，二进制的基数就是 2。

③ 八进制和十六进制。计算机中的数据均以二进制形式存储，由于二进制的阅读与记忆都不方便，因此人们又采用了八进制和十六进制。八进制有 8 个数码（0~7），八进制的基数是 8，采用"逢八进一"的原则；十六进制有 16 个数码（0~9，A~F），其中 A~F 的值分别是 10~15，十六进制的基数是 16，采用"逢十六进一"的原则。

④ 数制常用标志：

不同数制在书写时，为了便于区分，一般采用以下两种方法表示：

- 用进位制的字母符号来表示：D（十进制）、B（二进制）、O（八进制）、H（十六进制），如 476O、5A6FH 分别表示的是八进制数 476、十六进制数 5A6F。
- 把数据用括号括起来，并将数制数作为下标，如 $(138)_{10}$、$(1001)_2$、$(234)_8$、$(456A)_{16}$。通常情况下，十进制数可以直接书写，省略添加符号或下标。

3. 计算机中不同数制表示的数据之间的转化

（1）将二进制数、八进制数或十六进制数转化为十进制数

对于任何一个二进制数、八进制数或十六进制数转化为十进制数，均采用加权展开成多项式，再按十进制进行求和运算的方法。

例如，将二进制数 11010.1001 采用从右向左依次加权展开转化为十进制数的方法如下：

$$(11010.1001)_2 = \prod_{n=-4}^{4} i \times 2^n$$
$$= 1 \times 2^{-4} + 0 \times 2^{-3} + 0 \times 2^{-2} + 1 \times 2^{-1} + 0 \times 2^0 + 1 \times 2^1 + 0 \times 2^2 + 1 \times 2^3 + 1 \times 2^4$$
$$= 0.0625 + 0 + 0.5 + 0 + 2 + 0 + 8 + 16 = (26.5625)_{10}$$

（2）将十进制数转化为二进制数、八进制数或十六进制数

将十进制数转化为二进制数、八进制数、十六进制数的方法如下：

① 整数部分：采用除基取余法（规则：先取出的余数为低位，后取出的余数为高位）。

② 小数部分：采用乘基取整法（规则：先取出的整数为高位，后取出的整数为低位）。

例如，将十进制数 23.125 转化为二进制数的方法如下：

步骤 1：先转化整数部分。

$$23/2 = 商\ 11\ 余\ 1$$
$$11/2 = 商\ 5\ 余\ 1$$
$$5/2 = 商\ 2\ 余\ 1$$
$$2/2 = 商\ 1\ 余\ 0$$
$$1/2 = 商\ 0\ 余\ 1$$

即 $(23)_{10} = (10111)_2$。

步骤 2：再转化小数部分。

$$0.125 \times 2 = 0.25，整数部分取\ 0$$
$$0.25 \times 2 = 0.5，整数部分取\ 0$$
$$0.5 \times 2 = 1，整数部分取\ 1$$

所以小数部分转换后的结果是 $(0.001)_2$。

将整数和小数部分组合，得出：$(23.125)_{10} = (10111.001)_2$。

（3）二进制数与八进制数、十六进制数之间的相互转化

① 将二进制转化为八进制数、十六进制数。

方法：以小数点为中心，分别向左或向右每三位或四位分成一组，不足三位或四位的则以"0"补足，然后将每个分组用一位对应的八进制数或十六进制数代替即可。

例如，将二进制数 11001011101 转化为十六进制数的实例如下：

即 $(11001011101)_2 = (65D)_{16}$。

例如，将二进制数 11101110 转化为八进制数的实例如下：

即 $(11101110)_2 = (356)_8$。

② 将八进制数、十六进制数转化为二进制数。

方法：将八进制数、十六进制数转换成二进制数，只要将每一位八进制数或十六进制数转换成相应的三位或四位二进制数，依次连接起来即可。

例如，将十六进制数 82A.36 转化为二进制数的实例如下：

即 $(82A.36)_{16} = (100000101010.00110110)_2$。

③八进制数和十六进制数之间的相互转化。

方法：八进制数和十六进制数之间的相互转化，一般以二进制数或十进制数为中间桥梁，然后再进行相互转化。

任务实现

① 查看计算机键盘，并统计可输入并显示和打印的 95 个字符中英文字母的数量、数字的数量、通用运算符和标点符号的数量。

查看图 1-6 所示的键盘布局图，统计出英文字母 26 个、0~9 共 10 个数字、通用运算符和标点符号共 33 个。

② 从网上下载一幅图片，在计算机中查看图片的属性信息，查看图片文件的扩展名。选中下载的图片后，右击，在快捷菜单中选择"属性"命令，打开图 1-7 所示的图片属性对话框，从图中可以看出，这个图片文件的扩展名是 .png。

图 1-6　计算机键盘

图 1-7　图片文件属性信息

③ 按键盘上的【Windows】键，在开始菜单中搜索计算器，如图 1-8 所示，单击搜索到的计算器，启动计算器软件标准模式，如图 1-9 所示。单击计算器中的菜单按钮 ≡，选择"程序员"模式，计算器菜单如图 1-10 所示，在计算器中输入十进制整数 25，查看它对应的二进制编码、八进制编码、十六进制编码，如图 1-11 所示。

图 1-8　搜索计算器

图 1-9　计算器

图 1-10　计算器菜单

图 1-11　进制转换

任务3　认识计算思维

著名计算机科学家、1972年图灵奖获得者艾兹格·W.迪科斯彻（Edsger Wybe Dijkstra）曾经说过一句话："我们所使用的工具影响着我们的思维方式和思维习惯，从而也将深刻地影响着我们的思维力。"

回顾历史，不难发现，不同的工具（特别是计算工具）的发明和使用，都会或多或少地影响甚至决定这个时期的文化普及教育方向（是数理化课本内容的更替与变迁），都会或多或少地约束和限制这个时期的科技创新与思维活动的能力（现代人工智能研究的极限与瓶颈），都会或多或少地在这个时期留下属于这个工具时代的印记（结绳、算筹、算盘、计算机等）。

而计算思维（Computational Thinking）是运用计算机科学的基础概念去求解问题、设计系统和理解人类的行为。2006年3月，美国计算机权威期刊 *Communications of the ACM*，美国卡内基梅隆大学（Carnegie Mellon University，CMU）的原计算机科学系主任周以真（Jeannette M. Wing）教授提出并定义了计算思维一词。

任务目标

- 理解计算思维的定义和特性。
- 理解培养计算思维的重要性。
- 掌握计算思维的典型方法。
- 掌握计算机问题求解过程。

相关知识

1. 计算思维概述

（1）计算思维的定义

周以真教授认为，计算思维是运用计算机科学的基础概念去求解问题、设计系统和理解人类的行为，其本质是抽象（Abstraction）和自动化（Automation）。

计算思维是建立在计算过程的能力和限制之上，是选择合适的方式去陈述一个问题，对一个问题的相关方面建模并用最有效的办法实现问题的求解，整个过程由人和机器协同配合执行。计算方法和模型使我们敢于去处理那些原本无法由任何个人独自完成的问题求解和系统设计。

在中国，计算思维并不是一个新的名词。从小学到大学，计算思维经常被朦朦胧胧的使用，但一直没有被提升到周以真教授所描述的高度和广度。

周以真教授更是把计算机这一从工具到思维的发展提炼到与"读""写""算"同等的高度和重要性，成为适合于每个人的一种普遍的认识和一类普适的技能。

在一定程度上，也意味着计算机科学从前沿高端到基础普及的转型。

（2）计算思维的特性

计算思维是涵盖计算机科学的一系列思维活动，而计算机科学是计算的学问——什么是可计算的？怎样去计算？因此，计算思维有以下六个特性：

① 计算思维是概念化而不是程序化的。计算机科学不仅仅是计算机编程，像计算机科学家那样去思维意味着远不止能为计算机编程，还要求能够在抽象的多个层次上思维。

② 计算思维是根本的而不是刻板的技能。根本技能是每个人所必须掌握的；刻板技能意味着机械的重复。

③ 计算思维是人的思维而不是计算机的思维。计算思维是解决问题的一种途径，但并不是要像计算机那样思考。是人类配置计算设备，而不是人类去模仿计算机。

④ 计算思维是思想而不是人造物。人类生产的软硬件以物理形式呈现，但人类社会中不仅包含这些，还包含人类用来接近和求解问题、管理生活、与他人交流和互动的计算概念和思想。

⑤ 计算思维是数学与工程思维的互补与融合，而不是空穴来风。计算机科学本质上源自数学思维，因为像所有的科学一样，其形式化基础建筑在数学之上。计算机科学又从本质上源自工程思维，因为我们建造的是能够与实际世界互动的系统。

⑥ 计算思维是面向所有的人、所有的地方，并不局限于计算机。计算思维是面向所有专业，不仅是计算机科学专业的学生，计算思维引导我们怎么像科学家一样去思维。

2. 计算思维的重要性

如同所有人都具备是非判断、文字读写和算术运算能力一样，计算思维也是一种本质的、所有人都必须具备的思维能力。有学者认为，计算思维被归纳、提出，可能是近十年来计算科学和计算机学科中最具有基础性、长期性的重要学术思想，是除理论思维、实验思维外的第三大思维。

理论思维是以推理和演绎为特征的"逻辑思维"，用"假设（预言）—推理—证明"等理论手段研究社会、自然现象和规律；实验思维是以观察和总结为特征的"实证思维"，用"实验—观察—归纳"等实验手段研究社会、自然现象和规律；计算思维则是以设计和构造为特征的"构造思维"，是以计算手段研究社会、自然现象和规律。

随着社会、自然探索内容的深度化和广度化，传统的理论手段和实验手段已经受到很大的限制，实验产生了大量数据，其结果很难通过观察得到，因此不可避免地要利用计算手段实现理论与实验的协同创新。

3. 计算思维的典型方法

在计算机科学与技术的发展过程中，已形成许多使用计算思维解决问题的方法，比较典型的有抽象、分解、并行、缓存、排序、索引等，还有容错、冗余、调度学习等方法。这些方法不仅在计算机科学与技术研究、工程实践中发挥了重要作用，在其他领域甚至日常生活实践中也得到了广泛应用。

（1）抽象（Abstraction）

抽象是指抽取事务的共同本质特征，即忽略一种主题中与当前问题无关的因素，以便更充分地考虑与当前问题相关的因素。抽象是将复杂问题简单化的有效途径。

（2）分解（Decomposition）

计算机科学中，分解是将大规模的复杂问题分解成若干个小规模、更简单并容易解决的问题，是一种常用的思维方式。问题分解首先明确描述问题，并对问题的解决方法作出决策，把问题分解成相对独立的子问题，再以相同方式处理每个子问题，并得到每个子问题的解，直到最终获得整个问题的解。

计算思维采用了抽象和分解处理复杂任务或者设计庞大的系统。通过选择合适的方式陈述问题，或者对一个问题的相关方面进行建模，从而简明扼要地刻画复杂系统，在不必理会每个细节的情况下安全使用、调整和影响一个复杂系统的信息。

（3）并行（Parallel）

并行是指无论从宏观还是微观，事件在系统中同时发生。如果各并行活动独立进行，问题就相对简单，只需要建立单独的程序来处理每项活动即可；如果并行活动之间有交互影响，就需要加以协调，一次设计并行系统较困难。

（4）缓存（Cache）

计算机系统中，缓存将未来可能用到的数据存放在高速存储器中，以便将来能够快速得到这些数据，提高系统效率。

（5）排序与索引（Sort&Index）

排序是信息处理中经常进行的一种操作，将一组元素从"无序"序列调整为"有序"序列。高效的排序算法是提高信息处理效率的基础保障。

索引是指对具有共性的一组对象进行编目，从而根据数据的某一属性能够快速访问数据，在数据库中，使用索引可以快速访问数据库表中的特定信息。

排序和索引技术并非计算机科学独有，在图书和出版行业对文献的管理也利用了排序和索引。

4. 计算机问题求解过程

我们生存于计算机时代，当我们要解决一个相对复杂的问题时，不仅要考虑传统的手工处理方式，也应该考虑计算机的因素，使用计算机帮助我们解决问题，寻求在人与计算机之间找到一个最佳的契合点。因此，我们需要了解计算机问题求解的过程，把应用需求变换成在计算机上运行的程序，一般需要经过分析问题、设计算法、程序编码、测试和调试四个阶段。

（1）分析问题

分析问题的目的是明确拟解决的问题，并写出求解问题的规格说明。其关键是准确、完整地理解和描述问题。一个问题通常会涉及需求、对象和操作三方面的信息，因此问题的规格说明通常要求包括用户输入、输出的数据及形式、问题求解的数据模型或对数据处理的需求、程序的运行环境等。数学模型是用数学语言（符号、表达式、图像）描述的现实问题，是现实问题的公式化表示。因此，用计算机解决问题必须有合适的数学模型，即对实际问题必须进行数学建模，及对实际问题进行提炼和抽象，并建立数学模型。

（2）设计算法

算法设计是把问题的数学模型或处理过程转化为计算机的阶梯步骤。算法设计得好坏直接影响程序的质量，算法设计是一个非常复杂又重要的阶段。

（3）程序编码

程序编码的主要任务是用某种程序设计语言，将前一步设计的算法转换为能在计算机上运行的程序。

（4）测试和调试

测试的主要目的在于发现（测试）和纠正（调试）程序中的错误。

任务实现

一个旅行者有一个背包，且背包有最大承重限制，现有一组物品，每件物品都有自己的重量和价格，如何选择才能使得背包中物品的总价格最高？

1. 分析问题

设定背包可承受的总重量为 C，现有不同价值、不同重量的物品 N 件，要求从这 N 件物品中选取一部分物品放入背包，使得选中物品的总重量不超过指定的限制重量 C，但选中物品的价值之和最大。

（1）问题抽象

为了便于理解，先从具体物品件数开始分析，假设 $N=3$，每件物品的重量记作 W_1、W_2、W_3，每件物品的价值记作 V_1、V_2、V_3，物品的选择方案记作 X_1、X_2、X_3，其中某项值为 0 表示未选取，值为 1 表示选取。

某种选择方案的总重量记作 T_W，某种选择方案的总价值为 T_V，价值最大值记

作 T_{VMAX}。背包总重量记作 C，那么：

$T_W = W_1 \times X_1 + W_2 \times X_2 + W_3 \times X_3$

$T_V = V_1 \times X_1 + V_2 \times X_2 + V_3 \times X_3$

若 $T_W \leq C$，且 $T_V \geq T_{VMAX}$，则 $T_{VMAX}=T_V$，并记录 X_1、X_2、X_3 的当前组合方案或序号，如表1-2所示，序号与组合方案之间刚好是一种十进制与二进制的关系，可供选择分方案总数为 2^3-1。

表1-2 三件物品的背包问题分析表

方案序号	选取方案			总重量计算 T_W	总价值计算 T_V	最大价值 $T_{VMAX}=0$（初值）
	X_1	X_2	X_3			
1	0	0	1	$W_1 \times 0 + W_2 \times 0 + W_3 \times 1$	$V_1 \times 0 + V_2 \times 0 + V_3 \times 1$	若 $T_W \leq C$，且 $T_V \geq T_{VMAX}$，则 $T_{VMAX}=T_V$，并记录 X_1、X_2、X_3 当前组合方案或序号
2	0	1	0	$W_1 \times 0 + W_2 \times 1 + W_3 \times 0$	$V_1 \times 0 + V_2 \times 1 + V_3 \times 0$	
3	0	1	1	$W_1 \times 0 + W_2 \times 1 + W_3 \times 1$	$V_1 \times 0 + V_2 \times 1 + V_3 \times 1$	
4	1	0	0	$W_1 \times 1 + W_2 \times 0 + W_3 \times 0$	$V_1 \times 1 + V_2 \times 0 + V_3 \times 0$	
5	1	0	1	$W_1 \times 1 + W_2 \times 0 + W_3 \times 1$	$V_1 \times 1 + V_2 \times 0 + V_3 \times 1$	
6	1	1	0	$W_1 \times 1 + W_2 \times 1 + W_3 \times 0$	$V_1 \times 1 + V_2 \times 1 + V_3 \times 0$	
7	1	1	1	$W_1 \times 1 + W_2 \times 1 + W_3 \times 1$	$V_1 \times 1 + V_2 \times 1 + V_3 \times 1$	

由此，可以把问题扩展到 N 件物品的情况，每件物品的重量记作 W_1，W_2，W_3，…，W_N，每件物品的价值记作 V_1，V_2，V_3，…，V_N，物品的选择方案记作 X_1，X_2，X_3，…，X_N，其中某项值为0表示未选取，值为1表示选取。某种选择方案的总重量记作 T_W，某种选择方案的总价值为 T_V，价值最大值记作 T_{VMAX}。背包总重量记作 C，这样可供选择的方案总数为 2^N-1。

那么，对于 N 件物品的情况，我们只需要按照 2^3-1 种方案序号逐个转换为二进制数码，带入总重量和总价值计算公式中计算，并与背包总容量限制重量比较，如果不超过限制重量，保留价值最大的那个序号的二进制数码组合，就是一种最佳选择方案。

（2）数据结构

对于上述分析，需要将具体的公式和符号转换为计算机可识别的数据结构类型。在此选择数组类型来存储重量、价值和物品。

每件物品重量记作 $W_{[1]}$，$W_{[2]}$，…，$W_{[N]}$，价格分别记作 $V_{[1]}$，$V_{[2]}$，…，$V_{[N]}$，物品的选择标记方案记作 $X_{[1]}$，$X_{[2]}$，…，$X_{[N]}$，其中，某项值为0表示未选取，值为1表示选取。

（3）数学建模

采用数学语言描述问题：

$T_W = W_{[1]} \times X_{[1]} + W_{[2]} \times X_{[2]} + \cdots + W_{[N]} \times X_{[N]}$

$T_V = V_{[1]} \times X_{[1]} + V_{[2]} \times X_{[2]} + \cdots + V_{[N]} \times X_{[N]}$

在 $T_W \leq C$ 的前提下，求 T_V 最大值 T_{VMAX}。

2. 算法描述

背包问题是一个非常具有代表性的案例，解决这个问题可以使用大多数通用的算法，如枚举法、贪心法和回溯法等。

在这里采用枚举法解决背包问题，根据前面的问题分析和整理，只要枚举所有（2^N 种）的选取方案，就可以最终得到问题的解。

在算法中，实现枚举的方法是通过循环控制结构遍历所有的可能方案，再对每种方案进行约束条件判断，通过选择控制结构判断在物品的总重量不超标的情况下，是否物品的总价值最大，用变量记录物品的总价值最大的方案序号，最后将十进制的方案序号转换为二进制数码，凡值为 1 的就是选中的物品序号。

3. 程序编码

```c
#include<stdio.h>
#include<math.h>
int n;
int fun(int x[n])
{
    int i;
    for(i=0;i<n;i++)
        if(x[i]!=1)
        {x[i]=1; return;}
        else x[i]=0;
        return;
}

int main()
{
    int w[100]={0},v[100]={0};
    int x[100]={0},y[100]={0};
    int tv=0,tv1=0,tw=0,i,j,C;
    printf("请输入多少数量：");
    scanf("%d",&n);
    printf("请输入背包的容量：");
    scanf("%d",&C);
    printf("输入每件物品的价格：");
    {
        for(i=0;i<n;i++)
            scanf("%d",&v[i]);
    }
    printf("输入每件物品的重量：");
    {
```

```
        for(i=0;i<n;i++)
           scanf("%d",&w[i]);
    }

    for(j=1;j<=pow(2,n);j++)
    {
        fun(x);
        for(i=0;i<n;i++)
        {
            tw+=w[i]*x[i];
            tv+=v[i]*x[i];
        }
        if(tw<=C&&tv>tv1)
        {
            tv1=tv;
            for(i=0;i<n;i++)
            {
                y[i]=x[i];
            }
        }
        tw=0;
        tv=0;
    }
    printf("0-1背包问题的最优解为:");
       for(i=0;i<n;i++)   printf("%d ",y[i]);
       printf("\n总价值为：%d",tv1);
}
```

4. 测试和调试

输入相应的数量、容量、每件物品的价格和重量，最终运行结果如图 1-12 所示。

图 1-12　运行结果

任务4　认识信息素养与社会责任

任务目标

- 理解信息素养以及社会责任基本概念。
- 正确看待信息社会发生的现象。
- 自觉建立信息社会责任。
- 积极利用法律手段维护信息安全。

相关知识

信息素养与社会责任是指在信息技术领域，通过对信息行业相关知识的了解，内化形成的职业素养和行为自律能力。信息素养与社会责任对个人在各自行业内的发展起着重要作用。当今社会经济快速发展，信息技术作为目前先进生产力的代表，已经成为我国创新型经济发展的重要战略支撑，信息技术的快速发展，催生出一个与现实世界并行的虚拟网络世界，这也深刻改变了人们的沟通交流方式，但是互联网不是法外之地，维护健康而有序的网络环境是我们每个人都应承担的责任。

信息社会责任已成为学生不可或缺的责任构成。信息社会责任具有社会性、虚拟性、公共性和实践性的属性，其内容应该包括合法性获取、科学性管理、合理性加工、真实性表达、反思性交流。信息社会责任的培养要求教师增强学生的信息社会责任认知，塑造学生的信息社会责任行为，激发学生的信息社会责任情感。

1. 信息素养

信息素养是一种综合能力，信息素养涉及各方面的知识，是一个特殊的、涵盖面很宽的能力，它包含人文的、技术的、经济的、法律的诸多因素，和许多学科有着紧密的联系。信息技术支持信息素养，通晓信息技术强调对技术的理解、认识和使用技能。而信息素养的重点是内容、传播、分析，包括信息检索及评价，涉及更宽的方面。它是一种了解、搜集、评估和利用信息的知识结构，既需要熟练的信息技术，也需要完善的调查方法，通过鉴别和推理来完成。信息素养是一种信息能力，信息技术是它的一种工具。

信息意识是指个体对信息的敏感度和对信息价值的判断力。信息技术经过多年的发展，现在已经迈入了信息时代，换句话说，就是解决问题以数据为核心，以数据说话，这就要求我们首先能够快速感觉到信息的变化，其次通过一些工具或者方法分析出数据中蕴含的信息，然后采用行之有效的方案来使用这些信息，最后，在此基础上做出预测。同时，在解决问题时要多与团队成员共享信息，实现信息的最大价值。

计算思维是指个体运用计算机科学领域的思想方法，在形成问题解决方案的过程中产生的一系列思维活动。在解决问题时，要学会合理地建立模型结构，组织数据，运用有效的算法和策略，形成解决方案，如抽象特征、方式界定等。总的来说，就是先利用信息技术解决问题，形成一种模式，然后迁移到其他问题的解决上。数字化学习与创新是指个体通过评估并选用常见的数字化资源与工具，开创性地解决问题，形成数字化创新能力。可以系统地掌握一系列数字化工具，合理利用数字资源和学习资料，开展协同学习、分享学习，助力于终身学习能力的提高。

2. 信息社会责任培养

信息社会责任是指信息社会中的个体在文化修养、道德规范和行为自律等方面应尽的责任。首先养成一定的信息安全意识和能力，其次要遵守信息社会的道德和伦理准则，不管是在现实社会，还是虚拟网络社会，都要遵守法律法规，积极关注信息技术发展带来的机遇和挑战，对于信息技术带来的新事物、新思想，用批判吸收的观念来处理，在与他人交流中，既要维护自己的合法权益，又能积极维护他人的合法权益以及公共信息安全。信息社会，未经官方证实的信息要做到不轻信、不转发、不议论等，中国互联网联合辟谣平台设立了部委发布、地方回应、媒体求证、专家视角、辟谣课堂等栏目，具备举报谣言、查证谣言的功能，可以获取相关部门和专家的权威辟谣信息。该平台的建立，得到了中央党校、国家发展改革委等27家指导单位的帮助，以及中央重点新闻网站和地方区域性辟谣平台、门户网站以及专家智库的大力支持，构建了对网络谣言"联动发现、联动处置、联动辟谣"的工作模式。

（1）增强学生信息社会责任认知

信息社会责任认知是信息社会责任事件发生的基础，若学生感知到自身责任便会承担责任，若学生未能认识到自身责任便会拒绝责任。故有必要将增强信息社会责任认知作为培养信息社会责任的首要途径。

（2）塑造学生信息社会责任行为

信息社会责任行为是指那些对特定信息事件的发生过程及其结果造成了直接或间接影响的行为的表现。学生是否对信息社会责任有所认知是一回事，而能否根据其对责任的认知做出履行责任的行为则是另一回事。责任是在实践和行动中实现，而并不是在认知和情感中实现，这便要求教师在参与信息活动的过程中，在信息交流、信息传递、信息评价等一系列的过程中，树立榜样意识，不断审视自己的言行。

（3）激发学生信息社会责任情感

信息社会责任情感是指人们对信息社会责任行为、事件及其结果的一种内心体验。信息社会责任情感是学生在履行信息社会责任过程中自发形成的，不需外界的干预。合理利用学生产生的积极性情感，对培养信息社会责任起到事半功倍的作用。

3. 法律法规维护信息安全

《中华人民共和国治安管理处罚法》第二十五条规定，有下列行为之一的，处五日以上十日以下拘留，可以并处五百元以下罚款；情节较轻的，处五日以下拘留或者五百元以下罚款：（一）散布谣言，谎报险情、疫情、警情或者以其他方法故意扰乱公共秩序的；（二）投放虚假的爆炸性、毒害性、放射性、腐蚀性物质或者传染病病原体等危险物质扰乱公共秩序的；（三）扬言实施放火、爆炸、投放危险物质扰乱公共秩序的。

《网络信息内容生态治理规定》第二条规定，本规定所称网络信息内容生态治理，是指政府、企业、社会、网民等主体，以培育和践行社会主义核心价值观为根本，以网络信息内容为主要治理对象，以建立健全网络综合治理体系、营造清朗的网络空间、建设良好的网络生态为目标，开展的弘扬正能量、处置违法和不良信息等相关活动。

《互联网用户公众账号信息服务管理规定》中：

第四条规定，公众账号信息服务平台和公众账号生产运营者应当遵守法律法规，遵循公序良俗，履行社会责任，坚持正确舆论导向、价值取向，弘扬社会主义核心价值观，生产发布向上向善的优质信息内容，发展积极健康的网络文化，维护清朗网络空间。

第十三条规定，公众账号信息服务平台应当建立健全网络谣言等虚假信息预警、发现、溯源、甄别、辟谣、消除等处置机制，对制作发布虚假信息的公众账号生产运营者降低信用等级或者列入黑名单。

第二十条规定，公众账号信息服务平台应当在显著位置设置便捷的投诉举报入口和申诉渠道，公布投诉举报和申诉方式。健全受理、甄别、处置、反馈等机制，明确处理流程和反馈时限，及时处理公众投诉举报和生产运营者申诉。

《互联网信息服务管理办法》第四条规定，国家倡导诚实守信、健康文明的网络行为，推动传播社会主义核心价值观、社会主义先进文化、中华优秀传统文化，促进形成积极健康、向上向善的网络文化，营造清朗网络空间。

《中华人民共和国民法典》第五章民事权利中：

第一百一十一条　自然人的个人信息受法律保护。任何组织或者个人需要获取他人个人信息的，应当依法取得并确保信息安全，不得非法收集、使用、加工、传输他人个人信息，不得非法买卖、提供或者公开他人个人信息。

第五百零一条 当事人在订立合同过程中知悉的商业秘密或者其他应当保密的信息，无论合同是否成立，不得泄露或者不正当地使用；泄露、不正当地使用该商业秘密或者信息，造成对方损失的，应当承担赔偿责任。

第九百九十九条 为公共利益实施新闻报道、舆论监督等行为的，可以合理使用民事主体的姓名、名称、肖像、个人信息等；使用不合理侵害民事主体人格权的，应当依法承担民事责任。

第六章 隐私权和个人信息保护

第一千零三十二条 自然人享有隐私权。任何组织或者个人不得以刺探、侵扰、泄露、公开等方式侵害他人的隐私权。

隐私是自然人的私人生活安宁和不愿为他人知晓的私密空间、私密活动、私密信息。

第一千零三十三条 除法律另有规定或者权利人明确同意外，任何组织或者个人不得实施下列行为：

（一）以电话、短信、即时通讯工具、电子邮件、传单等方式侵扰他人的私人生活安宁；

（二）进入、拍摄、窥视他人的住宅、宾馆房间等私密空间；

（三）拍摄、窥视、窃听、公开他人的私密活动；

（四）拍摄、窥视他人身体的私密部位；

（五）处理他人的私密信息；

（六）以其他方式侵害他人的隐私权。

第一千零三十四条 自然人的个人信息受法律保护。

个人信息是以电子或者其他方式记录的能够单独或者与其他信息结合识别特定自然人的各种信息，包括自然人的姓名、出生日期、身份证件号码、生物识别信息、住址、电话号码、电子邮箱、健康信息、行踪信息等。

个人信息中的私密信息，适用有关隐私权的规定；没有规定的，适用有关个人信息保护的规定。

第一千零三十五条 处理个人信息的，应当遵循合法、正当、必要原则，不得过度处理，并符合下列条件：

（一）征得该自然人或者其监护人同意，但是法律、行政法规另有规定的除外；

（二）公开处理信息的规则；

（三）明示处理信息的目的、方式和范围；

（四）不违反法律、行政法规的规定和双方的约定。

个人信息的处理包括个人信息的收集、存储、使用、加工、传输、提供、公开等。

第一千零三十六条 处理个人信息，有下列情形之一的，行为人不承担民事责任：

（一）在该自然人或者其监护人同意的范围内合理实施的行为；

（二）合理处理该自然人自行公开的或者其他已经合法公开的信息，但是该自然人明确拒绝或者处理该信息侵害其重大利益的除外；

（三）为维护公共利益或者该自然人合法权益，合理实施的其他行为。

第一千零三十七条　自然人可以依法向信息处理者查阅或者复制其个人信息；发现信息有错误的，有权提出异议并请求及时采取更正等必要措施。

自然人发现信息处理者违反法律、行政法规的规定或者双方的约定处理其个人信息的，有权请求信息处理者及时删除。

第一千零三十八条　信息处理者不得泄露或者篡改其收集、存储的个人信息；未经自然人同意，不得向他人非法提供其个人信息，但是经过加工无法识别特定个人且不能复原的除外。

信息处理者应当采取技术措施和其他必要措施，确保其收集、存储的个人信息安全，防止信息泄露、篡改、丢失；发生或者可能发生个人信息泄露、篡改、丢失的，应当及时采取补救措施，按照规定告知自然人并向有关主管部门报告。

第一千零三十九条　国家机关、承担行政职能的法定机构及其工作人员对于履行职责过程中知悉的自然人的隐私和个人信息，应当予以保密，不得泄露或者向其他人非法提供。

任务实现

① 查看并学习中国互联网联合辟谣平台中的谣言线索提交、谣言信息查证、网络谣言曝光台等，如图1-13所示。

图1-13　中国互联网联合辟谣平台

② 利用百度搜索引擎搜索感兴趣的信息，如图1-14所示。

图 1-14 百度搜索

③熟悉互联网信息法律法规维护信息安全，保护个人隐私。

任务5　认识新一代信息技术

任务目标

- 认识人工智能的定义，了解人工智能的发展，熟悉人工智能在实际工作和生活中的应用。
- 了解大数据技术的定义和发展，了解数据的计量单位，熟悉大数据处理的基本流程和大数据的典型应用案例。
- 了解云计算的定义、云计算的发展、云计算的特点，以及云计算在云安全、云存储、云游戏等领域的应用。
- 了解物联网的定义和关键技术，熟悉物联网技术的应用。

相关知识

1. 认识人工智能

（1）人工智能的定义

人工智能（Artificial Intelligence，AI）又称机器智能，是指由人工制造的系统所表现出来的智能，可以概括为研究智能程序的一门科学。人工智能研究的主要目标在于研究用机器来模仿和执行人脑的某些智力功能，探究相关理论、研发相应技术，如判断、推理、识别、感知、理解、思考、计划、学习等思维活动。人工智能技术已经渗透到人们日常生活的各个方面，应用人工智能技术的行业也很多，包括游戏、新闻媒体、金融，以及各种领先的研究领域，如量子科学。

> **提示：**
> 人工智能并不是遥不可及的，百度的度秘、苹果的Siri、天猫精灵、小爱同学等智能助理和智能聊天类应用都属于人工智能的范畴，甚至一些简单的带有固定模式的资讯类新闻也是由人工智能来完成的。

视频
语音识别技术

（2）人工智能的发展

1956年夏季，以麦卡赛、明斯基、罗切斯特和香农等为首的一批年轻科学家聚在一起，共同研究和探讨用机器模拟智能的一系列有关问题，并首次提出了"人工智能"这一术语，它标志着"人工智能"这门新兴学科的正式诞生。

从1956年正式提出人工智能学科算起，60多年来，人工智能研究取得长足的发展，成为一门广泛的交叉和前沿科学。总的说来，研究人工智能的目的就是让计算机这台机器能够像人一样去思考。当计算机出现后，人类才开始真正有了一个可以模拟人类思维的工具。

如今，全世界大部分大学的计算机系都在研究"人工智能"这门学科。1997年5月，IBM公司研制的"深蓝"（DeepBlue）计算机战胜了国际象棋大师卡斯帕罗夫。大家或许不会注意到，在某些方面，计算机能帮助人们进行一些原本只属于人类的工作，以它的高速度和准确性发挥作用。人工智能始终是计算机科学的前沿学科，计算机的编程语言和其他计算机软件都因为有了人工智能的发展而得以存在。

（3）人工智能的实际运用

曾经，人工智能只在一些科幻影片中出现，但伴随着科学的不断发展，人工智能在很多领域得到了不同程度的应用，如在线客服、自动驾驶、智慧生活、智慧医疗等。

① 在线客服。

在线客服是一种以网站为媒介的即时沟通的通信技术，主要以聊天机器人的形式自动与消费者沟通，并及时解决消费者的一些问题。聊天机器人必须善于理解自然语言，懂得语言所传达的意义，因此，这项技术十分依赖自然语言处理技术。一旦这些机器人能够理解不同的语言表达方式所包含的实际目的，那么很大程度上就可以代替人工客服了。

② 自动驾驶。

- 自动驾驶是现在逐渐发展成熟的一项智能应用。自动驾驶一旦实现，将会有如下改变：
- 汽车本身的形态会发生变化。自动驾驶的汽车不需要司机和方向盘，其形态设计可能会发生较大的变化。
- 未来的道路将发生改变。未来道路会按照自动驾驶汽车的要求重新进行设计，专用于自动驾驶的车道可能变得更窄，交通信号可以更容易被自动驾驶汽车识别。
- 完全意义上的共享汽车将成为现实。大多数的自动驾驶汽车可以用共享经济的模式，随叫随到。因为不需要司机，这些车辆可以保证24小时随时待命，可以在任何时间、任何地点提供高质量的租用服务。

③智慧生活。

智慧生活是一种具有新内涵的生活方式，其实质是通过使用方便的智能家居产品，更安全、舒适、健康、方便地享受生活。智慧生活需要依托人工智能技术与智能家居终端产品来构建智能家居控制系统，从而打造出具备共同智能生活理念的智能社区。

目前，智慧生活的应用还处于不断发展的阶段，只能满足普通的沟通，但假以时日，不断提高人工智能系统的性能后，人们生活中的每一件家用电器都可能拥有足够强大的功能，为人们提供更加方便的服务。

④智慧医疗。

智慧医疗是近些年兴起的专有医疗名词，它通过打造健康档案区域医疗信息平台，利用先进的物联网技术，实现患者与医务人员、医疗机构、医疗设备之间的互动，从而逐步达到信息化。

大数据和基于大数据的人工智能为医生辅助诊断疾病提供了很好的支持。将来医疗行业将融入更多的人工智慧、传感技术等高科技，使医疗服务走向真正意义的智能化。在 AI 的帮助下，我们看到的不会是医生失业，而是同样数量的医生可以服务几倍、数十倍，甚至更多的人。

2. 认识大数据

（1）大数据的定义

数据是指存储在某种介质上、包含信息的物理符号。在电子网络时代，随着人们生产数据的能力飞速提升，数据数量急剧增加，大数据应运而生。大数据是指无法在一定时间范围内用常规软件工具进行捕捉、管理、处理的数据集合。要想从这些数据集合中获取有用的信息，就需要对大数据进行分析。这不仅需要拥有强大的数据分析能力，还需深入研究面向大数据的新数据分析算法。

针对大数据进行分析的大数据技术是指为了传送、存储、分析和应用大数据而采用的软件和硬件技术，也可将其看作面向数据的高性能计算系统。就技术层面而言，大数据必须依托分布式架构来对海量的数据进行分布式挖掘，必须利用云计算的分布式处理、分布式数据库、云存储和虚拟化技术。因此，大数据与云计算是密不可分的。

（2）大数据的发展

在大数据行业的火热发展下，大数据的应用越来越广泛，国家相继出台的一系列政策更是加快了大数据产业的落地。大数据发展经历了 4 个阶段：

①出现阶段。

1980 年，阿尔文·托夫勒著的《第三次浪潮》一书中将"大数据"称为"第三次浪潮的华彩乐章"。

"大数据"在云计算出现之后才凸显其真正的价值,谷歌(Google)公司在2006年率先提出云计算的概念。2007—2008年,随着社交网络的快速发展,"大数据"概念被注入了新的生机。2008年9月,《自然》杂志推出了名为"大数据"的封面专栏。

　　② 热门阶段。

　　2009年,欧洲一些领先的研究型图书馆和科技信息研究机构建立了伙伴关系,致力于改善在互联网上获取科学数据的简易性。2011年12月,工业和信息化部发布《物联网"十二五"发展规划》,将信息处理技术作为4项关键技术创新工程之一提出来,其中包括海量数据存储、图像视频智能分析、数据挖掘,这些是大数据的重要组成部分。

　　③ 时代特征阶段。

　　2012年,《大数据时代》一书把大数据的影响划分为3个不同的层面,分别是思维变革、商业变革和管理变革。"大数据"这一概念乘着互联网的浪潮在各行各业中占据了举足轻重的地位。2013年11月,国家统计局与阿里巴巴、百度等企业签署了战略合作框架协议,推动了大数据在政府统计中的应用。2014年大数据首次写入我国《政府工作报告》,大数据上升为国家战略。2015年8月,国务院发布《促进大数据发展行动纲要》,这是指导我国大数据发展的国家顶层设计和总体部署。

　　④ 爆发期阶段。

　　2017年,在政策、法规、技术、应用等多重因素的推动下,跨部门数据共享共用的格局基本形成。京、津、沪、冀、辽、贵、渝等省(市)相继出台了大数据研究与发展行动计划,整合数据资源,实现区域数据中心资源汇集与集中建设。

　　全国至少已有13个省(区、市)成立了21家大数据管理机构,已有35所本科学校获批"数据科学与大数据技术"本科专业,62所专科院校开设"大数据技术与应用"专科专业。

3. 认识云计算

　　(1) 云计算的定义

　　云计算是国家战略性新兴产业,是基于互联网服务的增加、使用和交付模式。云计算通常通过互联网来提供动态、易扩展且虚拟化的资源,是传统计算机和网络技术发展融合的产物。

　　云计算技术是硬件技术和网络技术发展到一定阶段出现的新技术模型,是对实现云计算模式所需的所有技术的总称。分布式计算技术、虚拟化技术、网络技术、服务器技术、数据中心技术、云计算平台技术、分布式存储技术等都属于云计算技术的范畴,同时,云计算技术也包括新出现的Hadoop、HPCC、Storm、Spark

等技术。云计算技术意味着计算能力也可作为一种商品通过互联网进行流通。

云计算技术中主要有3种角色，分别是资源的整合运营者、资源的使用者和终端客户。资源的整合运营者负责资源的整合输出，资源的使用者负责将资源转变为满足客户需求的应用，而终端客户则是资源的最终消费者。

云计算技术作为一项应用范围广、对产业影响深的技术，正逐步向信息产业等各种产业渗透，产业的结构模式、技术模式和产品销售模式等都会随着云计算技术发生深刻的改变，进而影响人们的工作和生活。

（2）云计算的特点

传统计算模式向云计算模式的转变如同单台发电模式向集中供电模式的转变，云计算是将计算任务分布在由大量计算机构成的资源池中，使用户能够按需获取计算能力、存储空间和信息服务。与传统的资源提供方式相比，云计算主要具有以下特点：

① 超大规模。"云"具有超大的规模，谷歌云计算已经拥有100多万台服务器，亚马逊、IBM、微软等的"云"均拥有几十万台服务器。"云"能赋予用户前所未有的计算能力。

② 高可扩展性。云计算是一种从资源低效的分散使用到资源高效的集约化使用的转变。分散在不同计算机上的资源的利用率非常低，通常会造成资源的极大浪费，而将资源集中起来后，资源的利用效率会大大地提升。资源的集中化和资源需求的不断提高，也对资源池的可扩张性提出了要求，因此，云计算系统必须具备优秀的资源扩张能力，才能方便新资源的加入，以及有效地应对不断增长的资源需求。

③ 按需服务。对于用户而言，云计算系统最大的好处是可以满足用户对资源不断变化的需求，即云计算系统按需向用户提供资源，用户只需为自己实际消费的资源量进行付费，而不必自已购买和维护大量固定的硬件资源。这不仅为用户节约了成本，还可促使应用软件的开发者创造出更多有趣和实用的应用服务。同时，按需服务让用户在服务选择上具有更大的空间，通过缴纳不同的费用来获取不同层次的服务。

④ 虚拟化。云计算技术利用软件来实现硬件资源的虚拟化管理、调度及应用，支持用户在任意位置使用各种终端获取应用服务。通过"云"这个庞大的资源池，用户可以方便地使用网络资源、计算资源、数据库资源、硬件资源、存储资源等，极大降低了维护成本，提高了资源利用率。

⑤ 通用性。云计算不针对特定的应用，在"云"的支撑下可以构造出千变万化的应用，同一个"云"可以同时支撑不同的应用程序运行。

⑥ 高可靠性。在云计算技术中，用户数据存储在服务器端，应用程序在服务

器端运行，计算由服务器端处理，并且数据被复制到多个服务器节点上。这样，当某一个节点任务失败时，即可在该节点终止，再启动另一个程序或节点，保证应用和计算的正常进行。

⑦ 低成本。"云"的自动化集中式管理使大量企业无须负担高昂的数据中心管理成本，"云"的通用性使资源的利用率较之传统系统大幅提升，因此用户可以充分享受"云"的低成本优势。

⑧ 潜在的危险性。云计算服务除了提供计算服务外，还会提供存储服务。那么，对于选择云计算服务的政府机构、商业机构而言，就存在数据（信息）被泄露的危险，因此这些政府机构、商业机构（特别是像银行这样持有敏感数据的商业机构）在选择云计算服务时一定要保持足够的警惕。

（3）云计算的应用

随着云计算技术产品、解决方案的不断成熟，云计算技术的应用领域也在不断扩展，并衍生出云制造、教育云、环保云、物流云、云安全、云存储、云游戏、移动云计算等各种功能，对医药医疗领域、制造领域、金融与能源领域、电子政务领域、教育和科研领域的影响巨大，在电子邮箱、数据存储、虚拟办公等方面也提供了非常大的便利。云计算涉及5个关键技术，分别是虚拟化技术、编程模式技术、海量数据分布存储技术、海量数据管理技术、云计算平台管理技术。下面介绍几种常用的云计算应用：

① 云安全。

云安全是云计算技术的重要分支，在反病毒领域获得了广泛应用。云安全技术可以通过网状的大量客户端对网络中软件的异常行为进行监测，获取互联网中木马和其他恶意程序的最新信息，自动分析和处理信息，并将解决方案发送到每一个客户端。

云安全融合了并行处理、网格计算、未知病毒行为判断等新兴技术和概念，理论上可以把病毒的传播范围控制在一定区域内，且整个云安全网络对病毒的上报和查杀速度非常快，在反病毒领域中意义重大，但所涉及的安全问题也非常广泛。对最终用户而言，需要格外关注云安全技术在用户身份安全、共享业务安全和用户数据安全等方面的问题。

• 用户身份安全。用户登录到云端使用应用程序与服务时，系统在确保使用者身份合法后，才为其提供服务。如果非法用户取得了用户身份，则会对合法用户的数据和业务产生危害。

• 共享业务安全。云计算通过虚拟化技术实现资源共享调用，可以提高资源的利用率，但同时也会带来安全问题。云计算不仅需要保证用户资源间的隔离，还要针对虚拟机、虚拟交换机、虚拟存储等虚拟对象提供安全保护策略。

• 用户数据安全。数据安全问题包括数据丢失、泄露、篡改等，因此必须对数据采取复制、存储加密等有效保护措施，确保数据安全。此外，账户、服务和通信劫持，以及不安全的应用程序接口、操作错误等问题也会为云安全带来隐患。

云安全系统的建立并非轻而易举。要想保证系统正常运行，不仅需要海量的客户端、专业的反病毒技术和经验、大量的资金和技术投入，还必须提供开放的系统，让大量合作伙伴加入。

② 云存储。

云存储是一种新兴的网络存储技术，可将资源放到"云"上供用户存取。云存储通过集群应用、网络技术或分布式文件系统等功能将网络中大量不同类型的存储设备集合起来协同工作，共同对外提供数据存储和业务访问功能。通过云存储，用户可以在任何时间、任何地点，将任何可联网的装置连接到"云"上存取数据。

在使用云存储功能时，用户只需要为实际使用的存储容量付费，不用额外使用物理存储设备，减少了 IT 和托管成本。同时，存储维护工作转移至服务提供商，在人力和物力上也降低了成本。但云存储也反映了一些可能存在的问题，例如，如果用户在云存储中保存了重要数据，则数据安全可能存在隐患，其可靠性和可用性取决于广域网（WAN）的可用性和服务提供商的预防措施等级。对于一些具有特定记录保留需求的用户，在选择云存储服务前还需进一步了解和掌握云存储。

> 提示：
> 云盘也是一种以云计算为基础的网络存储技术。目前，各大互联网企业陆续开发了自己的云盘，如百度网盘等。

③ 云游戏。

云游戏是一种以云计算技术为基础的在线游戏技术。云游戏模式中的所有游戏都在服务器端运行，并通过网络将渲染、压缩后的游戏画面传送给用户。

云游戏技术主要包括云端完成游戏运行与画面渲染的云计算技术，以及玩家终端与云端间的流媒体传输技术。对于游戏运营商而言，只需花费服务器升级的成本，而不需要不断投入巨额的新主机研发费用；对于游戏用户而言，用户的游戏终端无须拥有强大的图形运算与数据处理能力等，只需拥有流媒体播放能力与获取玩家输入指令并发送给云端服务器的能力即可。

4. 认识物联网技术

物联网（Internet of Things，IoT）起源于传媒领域，并被誉为信息科学技术产业的第三次革命。物联网将现实世界数字化，其应用范围十分广泛。下面将从物联网的定义、关键技术和应用三个方面来介绍物联网的相关知识。

（1）物联网的定义

物联网是互联网、传统电信网等信息的承载体，它让所有具有独立功能的普通物体形成互连互通的网络。简单地说，物联网就是通过信息传感设备把所有能行使独立功能的物品与互联网连接起来，进行信息交换，以实现智能化识别和管理。

在物联网上，可以应用电子标签将真实的物体连接起来。通过物联网可以用中心计算机对机器、设备、人员进行集中管理和控制，也可以对家庭设备、汽车进行遥控，以及搜索设备位置、防止物品被盗等。通过收集这些小的数据，最后聚集成大数据，实现物和物相连。

（2）物联网的关键技术

目前，物联网的发展非常迅速，尤其在智慧城市、工业、交通及安防等领域都取得了突破性的进展。未来的物联网发展必须从低功耗、高效率、安全性等方面出发，必须重视物联网的关键技术的发展。物联网的关键技术主要有以下五项：

① RFID 技术。RFID（射频识别）技术是一种通信技术，它同时融合了无线射频技术和嵌入式技术，在自动识别、物品物流管理方面的应用前景十分广阔。RFID 技术主要的表现形式是 RFID 标签，具有抗干扰性强、数据容量大、安全性高、识别速度快等优点，主要工作频率有低频、高频和超高频。但 RFID 技术还存在一些难点，例如选择最佳工作频率和机密性的保护等，尤其是超高频频段的技术还不够成熟，相关产品价格较高，稳定性不理想。

② 传感器技术。传感器技术是计算机应用中的关键技术，通过传感器可以把模拟信号转换成数字信号以供计算机处理。目前，其技术难点主要是应对外部环境的影响。例如，当受到自然环境中温度等因素的影响时，传感器零点漂移和灵敏度会发生变化。

③ 云计算技术。云计算是把一些相关网络技术和计算机发展融合在一起的产物，具备强大的计算和存储能力。常用的搜索功能就是一种对云计算技术的应用。

④ 无线网络技术。物体与物体"交流"需要高速、可进行大批量数据传输的无线网络，设备连接的速度和稳定性与无线网络的速度息息相关。目前，我们使用的大部分网正在向 5G 迈进。物联网的发展也将受益，进而取得更大的突破。

⑤ 人工智能技术。人工智能技术是研究、开发用于模拟、延伸和扩展人类智能的理论、方法、技术及应用系统的一门新技术科学。人工智能与物联网有着十分密切的关联，物联网主要负责使物体之间相互连接，而人工智能则可以让连接起来的物体进行学习，从而使物体实现智能化操作。

（3）物联网的应用

物联网蓝图逐步变成了现实，在很多场合都有物联网的影子。下面将对物联网的应用领域进行简单的介绍，包括物流、交通、安防、医疗、建筑、能源环保、家居等。

① 智慧物流。智慧物流是指以物联网、人工智能、大数据等信息技术为支撑，在物流的运输、仓储、配送等各个环节实现系统感知、全面分析和处理等功能。目前，物联网在物流领域的应用主要体现在3个方面，包括仓储、运输监测和快递终端。通过物联网技术，可以实现对货物及运输车辆的监测，包括货物车辆位置、状态、油耗和车速等的监测。

② 智能交通。智能交通是物联网的一种重要体现形式，利用信息技术将人、车和路紧密地结合起来，改善交通运输环境、保障交通安全并提高资源利用率。目前，物联网技术在智能交通中的应用包括智能公交车、智慧停车、共享单车、车联网、充电桩监测及智能红绿灯等。

视 频

口罩检测赋能疫情防控

③ 智能安防。传统安防对人员的依赖性比较大，非常耗费人力，而智能安防能够通过设备实现智能判断。目前，智能安防最核心的部分是智能安防系统，该系统会对拍摄的图像进行传输与存储，并对其进行分析与处理。一个完整的智能安防系统主要包括3部分，即门禁、报警和监控，行业应用中主要以视频监控为主。

视 频

人脸识别技术

④ 智能医疗。在智能医疗领域，新技术的应用必须以人为中心。而物联网技术是数据获取的主要途径，能有效地帮助医院实现对人和物的智能化管理。对人的智能化管理是指通过传感器对人的生理状态（如心跳频率、血压高低等）进行监测，将获取的数据记录到电子健康文件中，方便个人或医生查阅。对物的智能化管理是指通过RFID技术对医疗设备、物品进行监控与管理，实现医疗设备、用品可视化，主要表现为数字化医院。

⑤ 智慧建筑。建筑是城市的基石，技术的进步促进了建筑的智能化发展，以物联网等新技术为主的智慧建筑也越来越受到人们的关注。当前的智慧建筑主要体现在节能方面，将设备进行感知、传输并实现远程监控，在节约能源的同时还减少了维护工作。

⑥ 智慧能源环保。智慧能源环保属于智慧城市的一个部分，其物联网应用主要集中在水、电、燃气、路灯等能源，如使用智能水电表实现远程抄表。将物联网技术应用于传统的水、电、光能设备，并进行联网，通过监测不仅提升了能源的利用效率，还减少了能源的损耗。

⑦ 智能家居。智能家居是指使用不同的方法和设备来提高人们的生活能力，使家庭变得更舒适和高效。物联网应用于智能家居领域，能够对家居类产品的位置、状态、变化进行监测，分析其变化特征。智能家居行业的发展主要分为单品连接、

物物联动和平台集成3个阶段。其发展的方向首先是连接智能家居单品，随后走向不同单品之间的联动，最后向智能家居系统平台发展。当前，各个智能家居类企业正处于从单品连接向物物联动的过渡阶段。

任务实现

① 电子商务技术迅速发展，网上购物作为电子商务的一种模式，已经成为购物模式的主流，小红最近在网购时发现，购物App的页面中经常会推荐一些她曾经搜索或关注过的商品信息。如前段时间，她在天猫平台上购买了一双运动鞋，然后每次打开天猫主页时，在推荐购买区都会显示一些同类的物品。小红觉得很神奇，经过了解，才知道这是大数据技术的一种应用，它将用户的使用习惯、搜索习惯记录到数据库中，应用独特的算法计算出用户可能感兴趣或有需要的内容，然后将这些内容推荐到用户眼前。请同学们打开自己的购物App，对比购物App内同学之间推荐购买的商品信息是否相同，查看是否存在和小红类似的情况；此外，请同学们使用购物App分组搜索"运动鞋""移动硬盘""大数据技术参考书"等不同类别的信息，再对比查看购物App内的推荐购买区信息有何差别，同时思考背后的技术逻辑。

② 小红最近加入了计算机技术讨论组，在讨论组中听到了许多新名词，如云计算、云安全、云存储、云游戏等。为了了解这些新技术，小红开始多方查阅资料，了解到当前国内市场份额占比较大的云计算平台分别是阿里云、腾讯云以及华为云，请你进一步搜索，对比3家云平台的优势，思考阿里云、腾讯云以及华为云的架构有何不同。

③ 随着时代的发展，越来越多的新技术被应用到人们的工作和生活中。小红最近对物联网技术非常感兴趣。小红明白，只有不断学习新知识，才能与时俱进，她了解到，在智慧城市项目中，物联网是关键的推动技术，物联网解决方案在可持续智慧城市的发展中发挥了关键作用，它们有助于降低功耗和成本，并在预防犯罪方面发挥重要作用；它们可以部署在公共场所，以提供实时监控、分析和决策工具，这也可用于跟踪和预测犯罪现场；物联网网络使城市能够跟踪和提高公共交通的安全性，在公共交通系统中使用物联网传感器可以提供有关乘客旅程的大量数据，有了这些信息，智能公共交通运营商可以改善出行体验；在智能基础设施中使用物联网也有很多优势，例如，它可以提供增强的安全性和便利性，它还可用于提高数据收集和管理的效率，城市中的物联网是提高城市生活质量的方式。

你能否以此为启发，查阅资料，探究物联网技术如何构建智慧城市，应用于城市基础设施？查找使用物联网设备的最佳智慧城市，并搜索具体方案和做法。

学习笔记

拓展练习

一、请扫码完成本项目测试

交互式练习

二、思考并简述以下问题

1. 请你简述计算机问题的求解过程。
2. 什么是计算思维。
3. 请你列举 2～3 个人工智能技术在生活中的实际应用。

项目 2　设置与管理操作系统

操作系统是计算机系统的指挥调度中心,它可以为各种程序提供运行环境。Windows 10 是由微软公司开发的一款具有革命性变化的操作系统,也是世界上使用广泛的 PC 操作系统,有超过 13 亿部设备在使用,它具有操作简单、启动速度快、安全和连接方便等特点。本章将通过 6 个典型项目介绍计算机操作系统的概念、功能和种类,手机操作系统的特点,以及 Windows 10 操作系统的基本操作、设置,应用程序、压缩软件使用、磁盘清理等内容。

引导案例

小赵是一名大学毕业生,应聘上了一份办公室行政的工作。他了解到公司主要采用计算机、手机等设备进行办公自动化(Office Automation,OA)工作。上班第一天,他发现公司发放的工作计算机是全新的,需要自行安装操作系统。为了日后能更高效地工作,小赵决定先熟悉一下操作系统的相关知识,学习设置 Windows 10 操作系统、安装常用的应用程序等知识。

学习目标

- 掌握计算机操作系统的概念和功能,熟悉计算机操作系统和手机操作系统的常见种类。
- 能够从信息安全的角度,认识到推行国产操作系统的意义。
- 熟练掌握 Windows 10 操作系统的基本操作。
- 掌握 Windows 10 操作系统的主题、桌面、外观、屏幕分辨率等常见的功能设置。
- 掌握 Windows 10 画图、截图等工具的使用方法。
- 掌握压缩软件、磁盘清理等工具的使用方法。

任务1　了解操作系统

任务目标

- 熟悉计算机操作系统的概念、功能与种类。
- 掌握计算机操作系统和手机操作系统的常见种类。
- 能够从信息安全的角度，认识到推行国产操作系统的意义。

相关知识

1. 操作系统的概念

操作系统（Operating System，OS）是一种系统软件，用于管理计算机系统的硬件与软件资源、控制程序的运行、为其他应用软件提供支持等，使计算机系统中的所有资源能最大限度地发挥作用，并为用户提供方便、有效和友善的服务界面。操作系统是一个庞大的管理控制程序，它直接运行在计算机硬件上，是最基本的系统软件，也是计算机系统软件的核心，同时还是靠近计算机硬件的第一层软件。

2. 操作系统的功能

从操作系统的概念可以看出，操作系统的功能是通过控制和管理计算机的硬件资源和软件资源，提高计算机的利用率，方便用户使用。具体来说，操作系统具有以下 6 个方面的功能：

① 进程与处理机管理。操作系统通过处理机管理模块来确定对处理机的分配策略，实施对进程或线程的调度和管理。进程与处理机管理包括调度（作业调度、进程调度）、进程控制、进程同步和进程通信等内容。

② 存储管理。存储管理的实质是对存储空间的管理，即对内存的管理。操作系统的存储管理负责将内存单元分配给需要内存的程序以便让它执行，执行结束后再将程序占用的内存单元收回以便再次使用。此外，存储管理还要保证各用户进程之间互不影响，保证用户进程不破坏系统进程，并提供内存保护。

③ 设备管理。设备管理是指对硬件设备的管理，包括对各种输入/输出设备的分配、启动、完成和回收。

④ 文件管理。文件管理又称为信息管理，是指利用操作系统的文件管理子系统为用户提供方便、快捷、共享和安全的文件使用环境的功能，包括文件存储空间管理、文件操作、目录管理、读写管理和存取控制等。

⑤ 网络管理。网络管理是对硬件、软件的使用、综合与协调，从而方便地监视、测试、配置分析、评价和控制网络资源，及时发现网络故障、处理问题，保证网络系统地高效运行。

⑥ 提供良好的用户界面。作为计算机与用户之间的接口，为了方便用户的操作，操作系统必须为用户提供良好的用户界面。

3. 操作系统的种类

操作系统可以从以下 3 个角度分类：

① 从用户角度分类，操作系统可分为单用户单任务操作系统（如 DOS）、单用户多任务操作系统（如 Windows 9x）和多用户多任务操作系统（如 Windows 7、Windows 10 等）3 种。

② 从硬件规模的角度分类，操作系统可分为微型机操作系统、小型机操作系统、中型机操作系统和大型机操作系统 4 种。

③ 从系统操作方式的角度分类，操作系统可分为批处理操作系统、分时操作系统、实时操作系统、PC 操作系统、网络操作系统和分布式操作系统 6 种。

目前，计算机中常见的操作系统有 Linux、Windows 和 NetWare 等。虽然操作系统的形态多样，但所有的操作系统都具有并发性、共享性、虚拟性和不确定性 4 个基本特征。

4. 常见的操作系统

① Windows。它是由微软公司成功开发的多任务的操作系统，它采用图形窗口界面，用户对计算机的各种复杂操作只需要通过鼠标就可以实现。Microsoft Windows 系列操作系统是在微软给 IBM 机器设计的 MS-DOS 的基础上设计的图像操作系统。Windows 系统，如 Windows 2000、Windows XP 皆是创建于现代的 Windows NT 内核。NT 内核是由 OS/2 和 OpenVMS 等系统上借来的。Windows 可以在 32 位和 64 位的 Intel 和 AMD 的处理器上运行。

② Linux。基于 Linux 的操作系统是 20 世纪 90 年代推出的一个多用户、多任务的操作系统。Linux 的设计最初是由芬兰赫尔辛基大学计算机系的学生基于 UNIX 开发的一个操作系统的内核程序，为了更有效地运行 Intel 微处理器。后来在理查德·斯托曼的建议下以 GNU 通用公共许可证发布，成为自由软件 UNIX 变种，与 UNIX 完全兼容。它最大的特点在于源代码公用的自由及其内核源代码可以自由传播。

③ UNIX。它是一个强大的多用户、多任务的操作系统，支持多种处理器架构，按照操作系统的分类，属于分时系统。它最早是由 Ken Thompson 和 Denni Ritch 于 1969 年在美国 AT&T 的贝尔实验室开发的。

④ 银河麒麟。银河麒麟（Kylin）是由我国国防科技大学研制的开源服务器操作系统。该操作系统是 863 计划重大攻关科研项目，目标是打破国外操作系统的垄断，研发一套中国自主知识产权的服务器操作系统。它具有高安全、高可靠、高可用、跨平台、强大的中文处理能力等特性。银河麒麟系统目前已应用于我国的国防、政务、电力、金融、能源、教育等行业。

⑤ 鲲鹏。鲲鹏是华为计算产业的主力芯片之一。为满足新算力需求，华为围绕"鲲鹏+昇腾"构筑双算力引擎，打造算、存、传、管、智5个子系统的芯片族，实现了计算芯片的全面自研。华为坚持硬件开放、软件开源，使能合作伙伴，推动鲲鹏计算产业蓬勃发展。目前，已有超过12家整机厂商基于鲲鹏主板推出自有品牌的服务器及PC产品，华为还与产业伙伴联合成立了至少15个鲲鹏生态创新中心。鲲鹏处理器作为鲲鹏计算产业的底座，华为将秉承量产一代、研发一代、规划一代的演进节奏，落实长期投入、全面布局、兼容和持续演进的战略，高效满足市场需求。

5. 了解手机操作系统

智能手机操作系统是一种运算能力及功能强大的操作系统。智能手机能够便捷安装或删除第三方应用程序、显示适合用户观看的网页、具有独立的操作系统和良好的用户界面、应用扩展性强，因此，受到用户的一致好评。目前使用最多的操作系统有Android、iOS、Symbian、Windows Phone、Harmony（鸿蒙）OS等。

① Android。它是谷歌公司以Linux为基础开发的开放源代码操作系统，主要应用于便携设备，是一种融入了全部Web应用的单一平台，具有触摸屏、高级图形显示和上网等功能，还具有界面强大等优点。

② iOS。iOS原名为iPhone OS，其核心源自Apple Darwin，主要应用于iPad、iPhone和iPod touch。它以Darwin为基础，系统架构分为核心操作系统层、核心服务层、媒体层、可轻触层4个层次。它采用全触摸设计，娱乐性强，第三方软件较多，但该操作系统较为封闭，与其他操作系统的应用软件不兼容。

③ Symbian。它不仅提供个人信息管理功能（包括联系人和日程管理等），还有众多的第三方应用软件，系统性能和易用性等非常强。但操作系统会随着手机的具体硬件不同而进行相关改变，因此在不同的手机上，其界面和运行方式都有所不同，且一般配置的机型操作反应慢，对主流媒体格式的支持性较差，版本间的兼容性也差。

④ Windows Phone。它是由微软公司发布的一款手机操作系统，整合了旗下的Xbox Live游戏、Zune音乐与独特的视频体验，并具有桌面定制、图标拖动、滑动控制等一系列操作体验设计。但Windows Phone系统资源占用率较高，容易导致系统崩溃。

⑤ Harmony OS。Harmony，意为和谐。鸿蒙操作系统是我国华为公司开发的一款基于微内核、面向5G物联网、面向全场景的分布式操作系统。它将手机、计算机、平板、电视、工业自动化控制、无人驾驶、车机设备、智能穿戴统一成一个操作系统，并且面向下一代技术而设计，能兼容安卓应用的所有Web应用。鸿蒙操作系统提供一系列构建全场景应用的完整平台工具链与生态体系，其分布式

应用框架能够将复杂的设备间协同封装成简单接口，实现跨设备应用协同。

鸿蒙操作系统的问世对全球技术平衡具有积极意义。尽管苹果和安卓系统已经占领全球市场，但只要鸿蒙技术领先，中国市场为它孵化、积累出有竞争力的生态系统，它将逐渐走向全球市场。

任务实现

1. 话题讨论

近年来我国积极推动国产操作系统的研发，试讨论推行国产操作系统的意义。

2. 查找资料

计算机操作系统是计算机系统的关键组成部分。目前流行的现代操作系统主要有 Android、BSD、iOS、Linux、Mac OS X、Windows、Windows Phone 等，这些系统大多由国外的公司研发，例如微软的 Window 和苹果的 iOS 系统。但是，当年"棱镜门"信息安全事件引起很大反响，微软、苹果都参与其中，所以发展国产操作系统就显得尤为重要。国产操作系统经过多年的发展，不断探索与创新，在安全性与便捷性上都取得了长足的进步。

近年来，在国家的大力扶持下，各大科技公司投入大量的人力物力进行国产操作系统的研发，涌现出许多优秀的国产操作系统。例如，在国产化的安全领域，银河麒麟操作系统通过内核管控、数据完整性检测、数据保护等一系列的安全技术大大加强了操作系统的安全性。

中国已经成为全球信息电子制造大国，目前处在技术高速变革的时期。秉承融合、安全与智能的方向，通过持续不断的探索，为用户提供更加安全、智能、友善的人机交互连接技术，让技术和应用场景完美的结合，让中国操作系统的未来具有更多可能性，让中国在信息技术的核心领域建立非对称优势，崛起未来，贡献世界。

你能否通过查找相关资料了解国产操作系统有哪些？同时和目前流行的操作系统从开发团队、系统架构、应用特点等方面进行对比。

任务2　初识Windows 10

任务目标

- 认识 Windows 10 桌面及其组成。
- 熟练掌握 Windows 10"开始"菜单和任务栏的基本操作。
- 熟练掌握 Windows 10 窗口、选项卡、对话框的基本操作。
- 熟练使用 Windows 10"此电脑"程序管理文件和文件夹。

- 掌握剪贴板的使用。
- 掌握启动应用程序的常用方法。

相关知识

1. Windows 10 桌面

桌面是指 Windows 10 所占据的整个屏幕空间，即显示器的整个屏幕。桌面上，通常会有很多小图片，一般称为图标，用来表示系统中的某个对象。Windows 10 安装完成后，初始时桌面上只有一个"回收站"图标。

桌面底部有一个长条，称为任务栏，由"开始"按钮、搜索栏、任务视图、切换、应用程序区、人脉、通知区域等组成。

单击"开始"按钮，则打开"开始"菜单、"开始"菜单应用列表及"开始"屏幕。它们是用户使用 Windows 10 的最基本入口。

2. 应用程序窗口

Windows 的每一个任务、应用程序在运行时，主要以窗口的方式展现出来供用户操作。

Windows 的窗口由控制按钮、标题、"最小化"按钮、"最大化/还原"按钮、"关闭"按钮、地址栏、选项卡、功能区、导航窗格、工作区、滚动条、状态栏等基本元素构成。

3. 菜单

Windows 中，应用程序的功能都是通过菜单和选项卡来体现的。除"开始"菜单外，通常还有控制菜单、"文件"菜单、快捷菜单。

4. 对话框

用户在操作 Windows 的过程中，经常需要与系统进行交互。当选择相应功能但提供的信息不足时，系统就会打开对话框，用户根据需要进行设置。在对话框中，除常用的基本元素外，通常还有选项卡、文本框、数值框、单选按钮、复选框、列表框、下拉列表框、按钮等。

5. 剪贴板

剪贴板用于在同一或不同应用程序之间传递、共享信息，是一段连续的可随存放信息多少变化的内存空间。剪贴板中不仅可以存放应用程序中的文本、图形、图像、声音等内容，还可以存放文件、文件夹等对象信息。通过剪贴板可以实现在不同的 Windows 应用程序之间交换信息，将各应用程序中的文本、图形、图像、声音等粘贴在一起，形成一个图文并茂、有声有色的文档。也可以通过剪贴板在不同磁盘或文件夹之间进行文件或文件夹的移动、复制。

用户使用剪贴板时，常用"剪切""复制""粘贴"3 种操作。一般在应用程序"开始"选项卡的"剪贴板"功能区中进行上述操作，也可以在右键快捷菜单中选择相应命令进行操作。

Windows 中，可以按【Print Screen】键、【Alt+Print Screen】组合键，将整个屏幕、活动窗口或活动对话框等对象以图形方式复制到剪贴板中，称为屏幕硬拷贝（截图、抓图）。完成后可以执行"粘贴"操作将该图片从剪贴板中复制出来使用，也可以先通过"画图"等图形编辑软件对该图形进行处理后再使用。

6. 逻辑盘、文件及文件夹

（1）逻辑盘

Windows 中，通常将计算机的磁盘划分为多个分区，每个分区称为一个逻辑盘，以盘符进行区分，如 C 盘、D 盘、E 盘等。Windows 中的文件和文件夹就存放在各个逻辑盘中，并使用树状目录结构来管理所有的文件和文件夹。

（2）文件

文件是计算机中一组相关信息的集合，每个文件都有一个名称，称为文件名。Windows 中，文件名是存取文件的依据。文件名包括"主文件名"和"扩展名"两个部分。主文件名由用户根据实际需要命名，扩展名则表示文件类型。不同类型的文件，处理其内容所用的应用程序是不同的。在不同的操作系统中，各种扩展名表示文件类型的含义可能是不相同的。

（3）文件夹

文件夹是用来组织和管理文件对象的。在 Windows 中，"此电脑"窗口导航窗格中显示出来的都称为文件夹，不仅包括逻辑盘和其中所有目录，还包括各种硬件、任务等。通常情况下，用户会将不同种类、作用的文件放在不同的文件夹中，以方便管理。每个逻辑盘都有一个称为"根"的文件夹。"根"就是一个逻辑盘上的最高层目录，在书写中通常使用"\"表示。习惯上，将"根"下的文件夹称为一级文件夹。根据需要，还可以在一级文件夹下创建二、三级文件夹（子目录）等。

7. 文件、文件夹基本操作

在 Windows 中，要操作某个对象，通常需要先选定该对象，再选择要进行的操作命令，即"先选定后操作"。文件、文件夹的操作主要在"此电脑"窗口的工作区中进行。

文件、文件夹基本操作有选定对象、新建、复制、移动、删除、重命名、搜索、设置属性等。

（1）选定操作对象

选定对象的操作方法如表 2-1 所示。

表 2-1 选定对象的操作方法

选定对象	操作方法
单个对象	直接单击该对象，则该对象被选定
连续多个对象	先单击连续部分第一个（或最后一个）对象，然后按住【Shift】键单击最后一个（或第一个）对象，也可按【Shift+方向键】（↑、↓、←、→）进行选定
不连续多个对象	按住【Ctrl】键，再依次单击需要选定的对象
相邻多个对象	拖动鼠标将多个对象包含在框线中
全选	按【Ctrl+A】组合键，或单击"主页"选项卡"选择"功能区中的"全部选择"按钮
反向选择	单击"主页"选项卡"选择"功能区中的"反向选择"按钮
取消选定对象	按【Esc】键或单击任意空白处即可取消选定

（2）新建文件或文件夹

在目标文件夹中通过单击"主页"选项卡"新建"功能区中的"新建文件夹""新建项目"按钮来新建文件或文件夹。

（3）移动/复制文件或文件夹

① 使用鼠标。

同盘复制：按住【Ctrl】键并拖动到目标位置。

同盘移动：直接拖动到目标位置。

异盘复制：直接拖动到目标位置。

异盘移动：按住【Shift】键并拖动到目标位置。

② 使用剪贴板。

先选定对象，单击"主页"选项卡"剪贴板"功能区中的"剪切"或"复制"按钮，然后单击目标文件夹，再单击"粘贴"按钮实现。使用快捷菜单中的"复制""剪切""粘贴"功能，也可通过组合键【Ctrl+X】【Ctrl+C】【Ctrl+V】来实现，操作过程类似。

③ 使用选项卡。

选定对象，单击"主页"选项卡"组织"功能区中的"移动到""复制到"按钮实现。

● 视 频
文件和文件夹的基本操作

（4）重命名文件或文件夹

选定对象，右击，在弹出的快捷菜单中选择"重命名"命令，或单击"主页"选项卡"组织"功能区中的"重命名"按钮，即可更改选中文件的名称。输入新名称后按【Enter】键或单击任意空白处即可完成重命名操作。双击某对象名称也可实现重命名操作。

（5）删除、恢复对象

先选定对象，然后按【Delete】键，或单击"主页"选项卡"组织"功能区中的"删除"按钮，或拖动选定对象到"回收站"，或右击，在弹出的快捷菜单中选择"删除"命令也能完成删除操作。

（6）文件及文件夹属性

对于文件与文件夹来说，除名称外，还有文件类型、创建时间、存储位置、占用空间、是否只读等属性。右击文件或文件夹，在弹出的快捷菜单中选择"属性"命令，打开"属性"对话框，可以查看或更改相应属性。注意：文件与文件夹的属性描述是有一定区别的。

（7）搜索文件

在地址栏右边的"搜索栏"中输入文件名的各个字符，系统采用左匹配方式动态进行搜索，并在当前右边框中显示搜索内容。输入文件名时可以使用通配符"*"和"?"。

任务实现

1. Windows 10 桌面、"开始"菜单、任务栏

① 启动 Windows 10 后，观察桌面图标。单击"开始"按钮，打开"开始"菜单、"开始"菜单应用列表及"开始"屏幕，如图 2-1 所示。

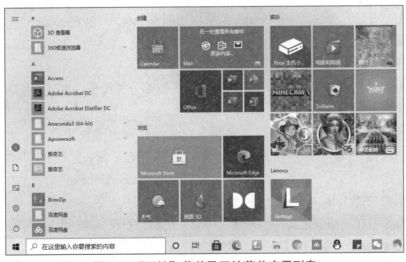

图 2-1 "开始"菜单及开始菜单应用列表

② 单击字母按钮，可展开/折叠"开始"菜单。"开始"菜单中有"账户""文档""图片""设置""电源"5 个按钮，分别执行相应的功能。

③ 自定义"开始"菜单。选择"设置"→"个性化"→"开始"命令，可设置各项的开/关：在"开始"菜单中显示应用列表、使用全屏"开始"屏幕以及哪些文件夹显示在"开始"菜单上等。

④启动应用程序的基本方法（以启动"画图"软件为例）。

方法1：从"开始"菜单应用列表中找到"Windows附件"下的"画图"应用程序启动。

方法2：单击"开始"菜单应用列表顶端的#或最近的按钮，打开有英文字母的面板，单击"W"，选择"Windows附件"→"画图"命令即可。

⑤设置桌面图标。选择"开始"→"设置"→"个性化"→"主题"→"桌面图标设置"命令，打开"桌面图标设置"对话框，勾选"计算机""网络"复选框，将系统图标"此电脑""网络"添加到桌面上。

⑥使用任务栏（见图2-2）。

图 2-2 任务栏

在搜索栏中输入"WPS"一词，出现"WPS Office"选项时单击启动WPS Office应用程序。单击搜索栏右边的"对Cortana说话"按钮，可说出"WPS Office"，则系统自动启动WPS Office应用程序。

单击应用程序区中的"文件资源管理器"按钮，快速启动"文件资源管理器"程序，即"此电脑"程序。

单击"开始"按钮，在"开始"菜单应用列表中右击"WPS Office"，在弹出的快捷菜单中选择"更多"→"固定到任务栏"命令，将代表WPS Office的图标固定到任务栏的应用程序区。

自由练习任务栏上的任务视图、切换、人脉部分的操作，并进行输入法选择和网络连接。

⑦创建桌面快捷图标。右击桌面空白处，在弹出的快捷菜单中选择"新建"→"快捷方式"→"浏览"命令，在打开的"浏览文件或文件夹"对话框中展开"此电脑"选项，找到"C:\Windows\System32\mspaint.exe"，建立"画图"程序的桌面快捷图标。

自由练习在桌面新建文件、删除、移动、复制、查看、排列图标等操作。

2. Windows 10 窗口、选项卡、对话框

①单击任务栏应用程序区中的"文件资源管理器"按钮，打开进行资源管理的"此电脑"窗口，如图2-3所示。观察Windows 10窗口的组成情况。

②导航窗格"快速访问"中显示最近使用过的文件夹，单击某项查看该文件夹下的所有对象。

③单击导航窗格中"此电脑"左边">"标记，展开相应文件夹，选择某项查看该文件夹下的所有对象，如选择"图片"选项。

④选择导航窗格"此电脑"中某逻辑盘，并展开各级文件夹，查看某文件夹

下的文件及文件夹对象。

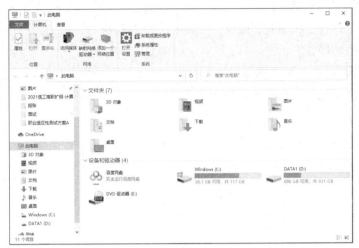

图 2-3 "此电脑"窗口

请分别选择"查看"选项卡"布局"功能区中的"超大图标""大图标""中图标""小图标""列表""详细信息""平铺""内容"选项观察效果。请分别选择"查看"选项卡"当前视图"功能区"排序方式"下的"名称""类型"等命令观察效果。再选择其他逻辑盘中的某一个或几个文件夹进行操作，观察效果。图 2-3 所示的工作区是各图标按"中图标"显示、按"名称"排序的效果。

⑤ 选择导航窗格中某个文件夹为当前文件夹，单击"查看"选项卡"窗格"功能区中的"预览窗格"按钮，则在工作区右边出现预览窗格。单击工作区中某文件对象，可预览其内容缩略图。

图 2-4 所示为"小图标"显示方式下，单击图片文件"D:\图片\福.jpg"后的预览效果。再次单击"预览窗格"按钮则隐藏预览窗格。拖动当前工作区与预览窗格间的分隔线可调整二者的相对大小。

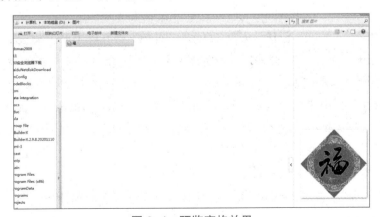

图 2-4 预览窗格效果

不同类型的文件，其预览效果是有所区别的，请选择不同文件或文件夹对象，观察各类对象不同的预览效果。

⑥单击"查看"选项卡"选项"功能区中的"选项"按钮，打开"文件夹选项"对话框，观察和操作对话框。

3. 文件及文件夹基本操作

打开"此电脑"窗口后完成以下操作：

（1）建立文件夹

在D盘根目录下建立图2-5所示文件夹结构。其中，"我的文件夹"为一级文件夹，"19491001""图片""文档"为二级文件夹，"AAA"和"BBB"为三级文件夹。

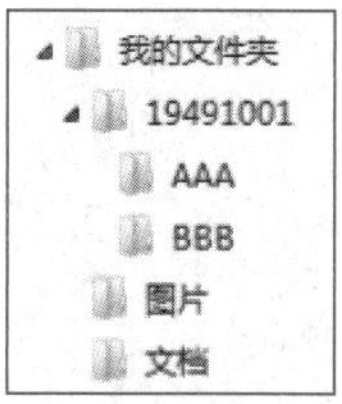

（2）建立图片文件

在"图片"文件夹中建立4个图片文件：K1.bmp、K2.jpg、K3.jpg、K4.jpg。

图 2-5　创建文件夹结构

所有窗口最小化，按【Print Screen】键将当前屏幕以图形方式复制到剪贴板，选择"开始"→"Windows附件"→"画图"命令，利用"粘贴"功能，将桌面图形复制出来，单击快速访问工具栏中的"保存"按钮，打开"保存为"对话框，文件类型选择"24位位图"，文件名为"K1.bmp"，将此图形文件保存在"图片"文件夹中。

再选择"文件"→"另存为"命令，图形文件以jpg格式保存在"图片"文件夹中，文件名为"K2.jpg"。

单击应用程序区中的"文件资源管理器"按钮，快速启动"文件资源管理器"程序，单击窗口右上角的"还原"按钮，拖动边框调整窗口为适当大小。按【Alt+PrintScreen】组合键将活动窗口以图形方式复制到剪贴板。返回"画图"软件，选择"文件"→"新建"命令，利用"粘贴"功能，将剪贴板的内容粘贴出来，保存图形到"图片"文件夹中，文件名为"K3.jpg"。

单击"开始"按钮，打开"开始"菜单、"开始"菜单应用列表及"开始"屏幕。按【PrintScreen】键将当前屏幕以图形方式复制到剪贴板。返回"画图"软件，单击"主页"选项卡"图像"功能区中的"选择"按钮，在工作区中拖动鼠标选定"开始"菜单、"开始"菜单应用列表及"开始"屏幕区域，单击"剪贴板"功能区中的"复制"按钮，按【Ctrl+A】组合键全选当前内容，按【Delete】键删除当前工作区所有内容，单击"剪贴板"功能区中的"粘贴"按钮，保存图形到"图片"文件夹中，文件名为"K4.jpg"。

操作完成后，关闭"画图"软件。操作过程中，要注意选择相应的文件类型。

（3）建立文本文件

在"文档"文件夹中建立 2 个文本文件。

选择"开始"→"Windows 附件"→"记事本"命令，在打开的"记事本"应用程序中建立 1 个文本文件"图灵机 1.txt,"文字内容如下：

> 图灵机
>
> 图灵机（TM）是由数学家艾伦·麦度森·图灵提出的一种抽象的计算模型，即将人们使用纸笔进行数学运算的过程抽象化，由一个虚拟的机器替代人们进行数学运算。图灵机模型奠定了可计算理论的基础。
>
> 图灵机由以下几个部分组成：
>
> （1）一条无限长的纸带，用作无限存储。纸带被划分为一个接一个的小格子，每个格子上包含一个来自有限字母表的符号（字母表中有一个特殊的符号，表示空白）。
>
> （2）一个读写头。可以在纸带上读、写和左右移动。
>
> （3）一套控制规则。它根据当前机器所处状态，以及当前读写头所指向格子上的符号来确定读写头下一步的动作，并改变状态寄存器的值，令机器进入一个新的状态。
>
> （4）一个状态寄存器。用来保存图灵机当前所处的状态。图灵机的所有可能状态的数目是有限的，并且有一个特殊的状态，称为停机状态。
>
> 图灵机开始工作时，纸带上只有输入串，其他位置都要是空白。若要保存符号信息，则读写头可以将符号"写"在纸带上；若要"读"取已经写入纸带上的符号，则读写头可以往回移动。机器不停地计算，直到产生输出为止。

启动 Word 2016，将"记事本"应用程序中的该文字内容复制过来，建立 1 个文档"图灵机 2.docx"。

（4）完成复制、移动和更名操作

① K1.bmp 和图灵机 1.txt 复制到"AAA"中，分别更名为"桌面 1.bmp""TM1.txt"。

② K3.jpg 和图灵机 2.docx 复制到"BBB"中，分别更名为"窗口 jpg""TM2.docx"。

③ K4.jpg 复制到"我的文件夹"中，更名为"开始 jpg"。

④ K2.jpg 复制到"19491001"中。

⑤"AAA"中的"TM1.txt"、"BBB"中的"TM2.docx"移动到"我的文件夹"中。

⑥ 将"19491001"文件夹整体复制到"D1:"中。

（5）删除

删除"D:19491001"中的文件夹"BBB"，"D\: 我的文件夹 \BBB"中的文件 TM2.docx，并在"回收站"中查看。

（6）查看文件属性

分别查看"D:\我的文件夹\图片"中"K1.bmp""K2.jpg""K4.jpg"的文件属性，"D:\我的文件夹\文档"中"图灵机1.txt""图灵机2.docx"的文件属性，并将"图灵机2.docx"设置为"只读"和"隐藏"属性。

任务3 设置Windows 10

任务目标

- 根据个人喜好，使用"个性化"功能进行主题、桌面、屏幕保护程序、外观、屏幕分辨率等设置，使之满足自己的需要。
- 根据个人喜好，使用"设置"中的各种功能，修改Windows 10的默认设置参数，使之满足自己的需要。
- 练习使用计算机的一些重要管理功能。

相关知识

"开始"菜单中的"设置"功能主要用来对用户操作环境进行管理。选择"开始"→"设置"命令，就会打开"设置"窗口。在其中可以对13个方面进行管理：系统、个性化、网络和Internet、设备、手机、应用、账户、时间和语言、游戏、轻松使用、Cortana、隐私、更新和安全。用户可根据自己的喜好对桌面、用户等进行设置和管理等。相较于Windows 7的"控制面板"程序，Windows 10的"设置"功能更强大。若用户仍习惯使用"控制面板"，可通过选择"开始"→"Windows系统"→"控制面板"命令来启动。

1. 个性化

选择"设置"窗口中的"个性化"命令，打开"个性化"窗口，可进行以下设置：

（1）背景

"背景"功能用于设置桌面背景，可选择"背景"方式为"图片""纯色""幻灯片放映"。例如：选择"图片"选项，当前默认有多张图片供选择，还可单击"浏览"按钮从本机图片文件中选择，并可设置契合度；选择"幻灯片放映"选项，多张图片循环切换，可单击"浏览"按钮添加图片、切换频率（间隔时间）、设置是否有序等。

（2）颜色

"颜色"功能用于设置"开始"菜单、任务栏和操作中心、标题栏、窗口边框的颜色。

视频
Windows10
个性化设置

（3）锁屏界面

"锁屏界面"功能用于设置屏幕保护时的图片效果、保护等待时间、保护程序等。

（4）主题

Windows 10 的"主题"设置包括 4 个方面："背景""颜色""声音""鼠标光标"。"声音"选项用于设置发生各种活动事件时的声音方案，"鼠标光标"选项用于设置鼠标属性，如鼠标指针状态方案、左右手使用鼠标习惯、双击速度快慢等。另外，还可设置在桌面上显示哪些系统图标等。

（5）开始

"开始"功能用于设置"开始"菜单各项显示与否。

（6）任务栏

"任务栏"功能用于设置任务栏中的各项的开关：锁定、自动隐藏、人脉、在屏幕上位置、合并任务栏按钮、通知区域显示图标等。

2. 应用

选择"Windows 设置"窗口中的"应用"选项，显示出当前 Windows 已安装好的所有应用程序。用户可以卸载不需要的应用程序，也可以单击右边的"程序和功能"选项，启用或关闭 Windows 功能，如安装互联网信息服务（Internet information services，IIS）以构建 Web 服务器等。

一般来说，安装好的应用程序可以从"开始"菜单应用列表中找到，并进行启动和卸载相应程序的操作。但有些应用程序并不提供卸载功能，如 Microsoft Office、Adobe Flash 等。这就需要用户使用 Windows"设置"中的"程序"功能进行卸载。

安装 Windows 时，一般用户不常用的一些功能是没有安装的，需要时由用户自行安装。例如 IIS，其作用是让计算机成为一个 Web 服务器，处理 Internet 上的 HTTP 请求，也就是他人可以通过浏览器来访问用户的网站。

3. 更新和安全

选择"Windows 设置"窗口中的"更新和安全"选项，查看并更改系统安全状态，如 Windows 更新、备份、激活情况和开发者选项等。选择"Windows 安全中心"选项，可查看和设置保护区域。

常用的是使用设备管理器进行设备管理和使用管理工具进行磁盘管理。

任何硬件设备都必须安装相应的设备驱动程序才能使用。不同类型设备的驱动程序是不一样的，不同厂家生产的同一类型设备的驱动程序也可能是不一样的。

4. Cortana

选择"Windows 设置"窗口中的"Cortana"功能，用于设置 Cortana 语言、权限和通知情况。

Cortana 是一个由微软开发的人工智能助理,它能够了解用户的喜好和习惯,帮助用户进行日程安排、回答问题等。Cortana 是微软在机器学习和人工智能领域方面的尝试。

任务实现

1. 个性化设置

选择"开始"→"设置"命令,打开"Windows 设置"窗口,如图 2-6 所示。

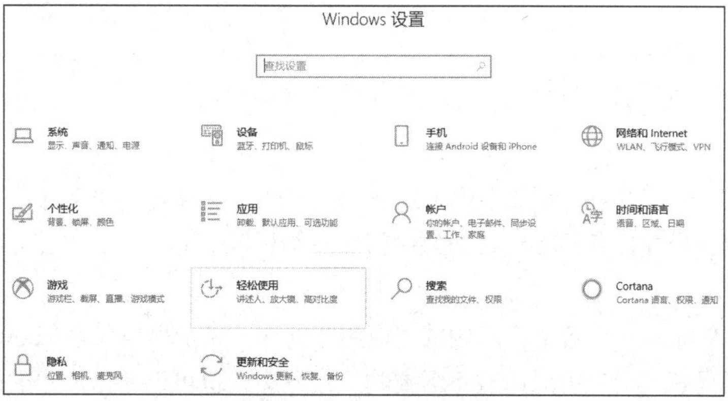

图 2-6 "Windows 设置"窗口

可以按以下步骤进行操作:

①选择"个性化"选项,打开"个性化"设置的"背景"界面,选择"主题"选项,如图 2-7 所示。

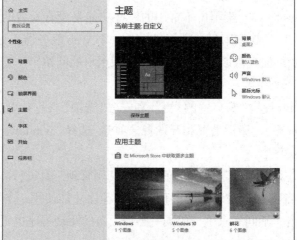

图 2-7 "个性化"设置的"主题"界面

② 单击"背景"选项，打开"个性化"设置的"背景"界面，选择另一张图片，单击窗口右上角的"关闭"按钮，查看当前桌面效果。重新进入"个性化"设置的"背景"界面，在"背景"下拉列表中选择"幻灯片放映"选项，设置图片切换频率为"1分钟"，单击窗口右上角的"关闭"按钮，等待1分钟以上的时间，观察桌面图片切换效果。

③ 重新进入"个性化"设置的"主题"界面，选择"颜色"选项，打开"个性化"设置的"颜色"界面，选择"蓝色"选项，勾选"'开始'菜单、任务栏和操作中心""标题栏、窗口边框"复选框，单击窗口右上角的"关闭"按钮。打开"开始"菜单，观察当前效果；再打开"此电脑"窗口，观察当前效果。

④ 重新进入"个性化"设置的"主题"界面，在"相关的设置"下选择"桌面图标设置"选项，打开"桌面图标设置"对话框，勾选全部复选框，单击"确定"按钮，单击窗口右上角的"关闭"按钮，查看桌面上显示的系统图标。

⑤ 重新进入"个性化"设置的"主题"界面，选择"声音"选项，打开"声音"对话框，查看"声音方案"等，单击"确定"按钮后返回。单击"主题"界面的"鼠标光标"选项，打开"鼠标属性"对话框，查看相关情况，单击"确定"按钮后返回。

⑥ 进入"个性化"设置的"锁屏界面"界面，选择一张锁屏图片，再选择"屏幕保护程序设置"选项，打开"屏幕保护程序设置"对话框，选择屏幕保护程序为"3D文字"、等待1分钟，单击"设置"按钮，打开"3D文字设置"对话框，在"自定义文字"单选按钮后的文本框中输入"此电脑"，观察当前其他设置情况，单击"确定"按钮后返回。单击"预览"按钮查看效果。再单击"确定"按钮后返回"个性化"设置的"锁屏界面"界面，分别选择"Cortana锁屏界面设置""屏幕超时设置"选项，查看相关选项设置情况。

⑦ 进入"个性化"设置的"开始"界面，取消选择"在'开始'菜单中显示应用列表""显示最近添加的应用"选项，单击任务栏上的"开始"按钮查看情况。返回"个性化"设置的"开始"界面，打开"使用全屏'开始'屏幕"，单击"开始"按钮查看情况。返回"个性化"设置的"开始"界面，选择"选择哪些文件夹显示在'开始'菜单上"选项，打开"选择哪些文件夹显示在'开始'菜单上"界面，根据情况选择各项的开关，然后单击当前窗口左上角的"←"按钮，返回"开始"界面，并单击"开始"按钮查看情况。

⑧ 进入"个性化"设置的"任务栏"界面，查看或选择锁定、自动隐藏、人脉、在屏幕上位置、合并任务栏按钮等相应开关，选择"通知区域"的"选择哪些图标显示在任务栏上"选项，进行查看或选择，再单击当前窗口左上角的"←"按钮返回。选择"通知区域"的"打开或关闭系统图标"选项，进行查看或选择，再单击当前窗口左上角的"←"按钮返回。

⑨ 单击窗口右上角的"关闭"按钮，结束"设置"功能操作。

2. 应用设置

选择"开始"→"设置"命令,打开"Windows 设置"窗口,按以下步骤进行操作:

① 选择"应用"选项,打开"应用"设置的"应用和功能"界面。查看当前已安装的所有应用程序。若有不需要的,可将其选中,再单击"卸载"按钮进行卸载即可。

② 单击"相关的设置"下的"应用和功能"选项,打开"应用和功能"对话框,可查看已安装应用程序的详细列表,包括名称、发布者、安装时间、大小、版本。也可卸载不需要的应用程序。

③ 选择"启用或关闭 Windows 功能"选项,打开"Windows 功能"对话框,可查看 Windows 系统已安装(已勾选)和未安装的功能(未勾选)。例如,勾选"Internet Information Services"复选框,再勾选其下相关复选框,单击"确定"按钮,则系统在线安装 IIS 服务。

④ 单击"Windows 功能"对话框中的"关闭"按钮,返回"应用"设置的"应用和功能"界面,选择"默认应用""离线地图""启动"等选项查看相关设置。其中,在"应用"设置的"启动"界面中,可查看以当前账户登录启动 Windows 时系统自动启动的程序,如杀毒软件、安全卫士等,当然也可根据需要重新设置。

⑤ 单击窗口右上角的"关闭"按钮,结束"设置"功能操作。

3. 更新和安全设置

选择"开始"→"设置"命令,打开"Windows 设置"窗口,按以下步骤进行操作:

① 选择"更新和安全"选项,打开"更新和安全"设置的"Windows 更新"界面,查看 Windows 更新情况。

② 选择"Windows 安全中心"选项,打开"更新和安全"设置的"Windows 安全中心"界面,查看保护区域情况。

③ 选择"激活"选项,打开"更新和安全"设置的"激活"界面,查看 Windows 版本及激活情况。

④ 选择"开发者选项"选项,打开"更新和安全"设置的"开发者选项"界面,查看开发者选项情况。

⑤ 选择窗口右上角的"关闭"按钮,结束"设置"功能操作。

4. Cortana 使用

选择"开始"→"设置"命令,打开"Windows 设置"窗口,按以下步骤进行操作:

① 选择"Cortana"选项,打开"Cortana"设置的"对 Cortana 说话"界面,查看相关设置,并根据需要进行选择。

② 单击"任务栏"上"搜索栏"右边的"对 Cortana 说话"按钮,说出"启动 Excel 系统",查看是否启动了 Excel 应用程序。

5. 其他设置

选择"开始"→"设置"命令，打开"Windows 设置"窗口，按以下步骤进行操作：

① 选择"系统"选项，打开"系统"设置的"显示"界面，选择相应选项，查看或修改相关设置。之后，单击当前窗口左上角的"←"按钮返回"Windows 设置"窗口。

② 选择"网络和 Internet"选项，打开"网络和 Internet"设置的"状态"界面，选择相应选项，查看或修改相关设置。之后，单击当前窗口左上角的"→"按钮返回"Windows 设置"窗口。

使用同样的操作方法，查看或修改"Windows 设置"窗口中的"账户""时间和语言""设备""手机""隐私""游戏""轻松使用"功能。

任务4　应用 Windows 10

任务目标

- 掌握使用画图工具进行图形处理的一般方法及常用技巧。
- 掌握使用截图工具从屏幕抓取所需图形及进行编辑处理的方法。
- 学会使用命令提示符执行 MS-DOS 命令。
- 学会使用记事本处理文本内容。

相关知识

1. 画图

画图是 Windows 10 中一个基于图形、图像处理的应用程序，是 Windows 10 自身携带的"Windows 附件"所包含的应用程序之一。"画图"软件可以对各种位图格式的图形、图像进行编辑处理。用户可以绘制图形、输入文字内容、对已有图形进行加工处理等，也可以对数码相片、扫描的图片等进行编辑处理。编辑完成后，还能以 BMP、JPG 等格式存盘。

2. 截图工具

截图工具是"Windows 附件"中所包含的一个用于屏幕抓图的应用程序，抓取的图片还可以进行编辑。在 Windows 10 中其功能变得更为强大，完全可以与一些专业的屏幕抓图工具软件相媲美。

3. 命令提示符

命令提示符是 Windows 所提供的一个应用程序。命令提示符是 Windows 中的"MS-DOS 方式"，其运行界面、操作方式与 DOS 相似，主要用于执行以前为 DOS 设计的程序，即在 Windows 下运行 DOS 应用程序。

Windows 小工具

4. 记事本

记事本是"Windows 附件"所包含的一个对文本内容进行处理的应用程序。记事本只具备最基本的文字编辑及处理功能，如新建、打开、保存、打印、查找、替换等，文本内容只能设置字体、字号及进行换行处理，其他文字处理功能均不能使用。但是记事本体积小巧，启动快，占用内存小，方便使用，在要求不高的情况下，是一个快捷、方便的文本编辑软件。

任务实现

1. 画图的使用

① 选择"开始"→"Windows 附件"→"画图"命令，启动"画图"应用程序，如图 2-8 所示。

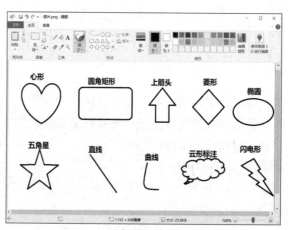

图 2-8 "画图"应用程序界面

② 开始画图之前，先在"主页"选项卡"颜色"功能区中单击"颜色 1"按钮，再单击"颜色"面板中的某种颜色，设置前景色；单击"颜色 2"按钮，再单击"颜色"面板中的某种颜色，设置背景色。

③ 从"形状"功能区中选择所需形状，如直线、椭圆形、三角形、五角星形、心形等形状，再在工作区中拖动鼠标绘制形状图形。在"工具"功能区中选择工具，如铅笔、填充、文本等，任意画线、填充封闭区域颜色、输入文字等。

绘制过程中，根据需要变换不同的前景色与背景色，选取不同的形状进行绘制。

④ 可以使用"图像"功能区中的"选择"和"自由图形选择"功能，在工作区中拖动鼠标，选中需要部分图形，按住【Ctrl】键并拖动鼠标进行复制，直接拖动移动。

⑤ 图片绘制好后，选择"文件"→"保存"命令，打开"保存为"对话框，可以选择 JPG、BMP（24 位位图）等多种文件类型格式进行保存。

按上述操作方法绘制图 2-8 所示各个形状图形，文件分别按 BMP（24 位位图）、

JPG 两种类型存盘，文件名及路径为 D:\AAA.bmp、D:\BBB.jpg。启动"此电脑"程序，比较两个文件的大小。

2. 截图工具的使用

① 进入要截图的界面，如本机系统界面、IE 界面等。这里，使用"画图"应用程序打开本机中的一张蝴蝶图片。

② 选择"开始"按钮→"Windows 附件"→"截图工具"命令，打开"截图工具"窗口，切换到"画图"应用程序的窗口，单击"截图工具"窗口中的"新建"按钮，拖动鼠标框选要截取的部分，释放鼠标后，自动打开"截图工具"窗口，启动"截图工具"应用程序。

③ 在"截图工具"窗口中，可以对选取的图片进行简单的编辑处理，再选择"文件"→"保存"命令存盘。这里，单击"画图"应用程序中的"使用画图 3D 编辑"按钮，将打开"无标题 - 画图 3D"窗口。

④ 单击窗口顶部"贴纸"按钮，打开"贴纸"窗格，选择第一个选项卡，单击"行星"按钮，在工作区右上角拖动鼠标绘制一个"行星"图形，然后单击"太阳"按钮，在工作区中拖动鼠标绘制一个"太阳"图形。

⑤ 单击窗口顶部"3D 形状"按钮，打开"3D 形状"窗格，选择"3D 模型"选项卡，单击"鱼"按钮，在工作区中拖动鼠标绘制一个"鱼"图形。

⑥ 选择"菜单"→"保存"命令，将图片保存在 D 盘，文件名为"蝴蝶.jpg"。

3. 命令提示符的使用

① 选择"开始"→"Windows 系统"→"命令提示符"命令，打开"选择命令提示符"窗口，启动其应用程序，如图 2-9 所示。

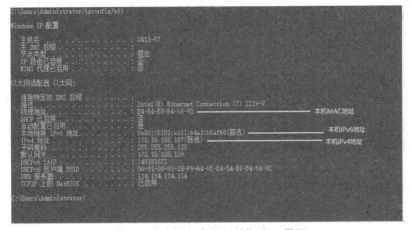

图 2-9 "选择命令提示符"窗口界面

另外，在任务栏的搜索栏中输入以下命令也能启动：

cmd（按【Enter】键）

② 输入以下命令，查看本机当前的 IPv4、IPv6、MAC 地址情况（见图 2-9）：

```
ipconfig/all
```

③ 输入以下命令，查看与远程某计算机的连通情况：

```
ping 219.221.11.2 -t
```

ping 命令一般用来测试与远程计算机的连通情况，219.221.11.2 是远程计算机的 IPv4 地址。若未连通，可按【Ctrl+C】组合键中断测试。使用命令"ping/?"可查看其参数"-t"和其他参数的含义。

④ 单击"选择命令提示符"窗口右上角的"关闭"按钮，或输入"exit"（按【Enter】键），返回 Windows。

4. 记事本的使用

① 选择"开始"按钮→"Windows 附件"→"记事本"命令，打开记事本窗口，启动"记事本"应用程序。

② 中英文输入练习。

单击 Windows 桌面任务栏通知区域的"输入法提示"按钮，从显示的输入法列表中选择自己要使用的输入方法，在记事本应用程序中练习输入以下文字内容：

七桥问题

"哥尼斯堡的七桥问题"是 18 世纪著名古典教学问题之一。18 世纪时，在普鲁士的哥尼斯堡（今俄罗斯加里宁格勒）的一个公园里，有一条普雷格尔河穿过，河上有两个小岛，有七座桥将两个岛与河岸联系起来。有人提出一个问题：一个步行者怎样才能不重复、不遗漏地一次走过七座桥，最后回到出发点。

1736 年，29 岁的著名数学家欧拉（Euler）向圣彼得堡科学院递交了《哥尼斯堡的七座桥》的论文，在解答问题的同时，开创了数学的一个新的分支——图论与几何拓扑，也由此展开了教学史上的新历程。

欧拉把它转化成一个几何问题——笔画问题，他不仅解决了此问题，还给出了连通图可以一笔画的充要条件是奇点的数目不是 0 个就是 2 个（连到一点的数目如是奇数，就称为奇点，如果是偶数就称为偶点，要想一笔画成，中间点必须均是偶点，也就是有来路必有去路，奇点只可能在两端，因此任何能一笔画成的图，奇点要么没有，要么在两端）。

欧拉把每一块陆地考虑成一个点，连接两块陆地的桥以线表示，后来推论出此种走法是不可能的。他的论点是，除起点以外，每一次当一个人由一座桥进入一块陆地（或点）时，他同时也由另一座桥离开此点。所以，每行经一点时，算作两座桥（或线），从起点离开的线与最后回到始点的线亦算作两座桥，因此，每一个陆地与其他陆地连接的桥数必为偶数。

输入过程中，需要进行中、英文输入状态的切换。切换的一般方法：按【Ctrl+Space】组合键，直接进行英文和中文输入法的切换；按【Ctrl+Shift】组合键，英文和各种中文输入法之间进行循环切换。

输入时，每个自然段（含标题行）结束时，按【Enter】键进行分段。

③ 文件存盘。

输入完毕，选择"文件"→"保存"命令，将文件保存到 D 盘，文件名为"七桥问题.txt"。

④ 关闭记事本窗口。

> **提示：**
> 在记事本文本文件的开头输入".LOG"，之后每次打开这个文本文件时，记事本都会自动在文件尾部记录文件打开的日期、时间，用户可以方便、快捷地按时间顺序记录备忘信息。

任务5　使用 WinRAR 压缩软件

任务目标

- 掌握使用 WinRAR 压缩文件或文件夹的方法。
- 掌握使用 WinRAR 解压缩文件的方法。
- 掌握使用 WinRAR 压缩文件和解压文件时的几种常见设置。

相关知识

1. 共享软件

共享软件是指以"先使用后付费"方式销售的享有版权的软件。根据共享软件作者授权，用户可以从 Internet 等各种渠道免费得到并自由传播共享软件。用户可以先试用共享软件，认为满意后再向作者支付费用。如果用户认为它不值得购买，可以停止使用。

2. WinRAR

共享软件 WinRAR 一般有若干天的测试期。如果希望在测试期之后继续使用 WinRAR，则必须进行注册。WinRAR 软件可从 Internet 下载，其安装文件是一扩展名为 exe 的可执行文件，直接运行该文件，选择安装目录后，即可进行安装。

3. 其他常用压缩软件

除 WinRAR 以外，还有很多其他优秀的压缩软件，它们的使用方法基本类似，

视频
压缩软件

📝 **学习笔记**

主要区别是使用的压缩算法不同，压缩后产生的文件格式也不相同（文件扩展名不同）。

常见的压缩软件有 WinZIP（收费软件）、2345 好压（免费软件）、7-ZIP（免费软件）、快压（免费软件）、酷压（免费软件）等。这些压缩软件都可以从 Internet 下载得到。

任务实现

实验前，需要安装好 WinRAR 软件，并准备一些用于压缩的文件。

1. 压缩文件

① 在 D 盘新建一个文件夹，命名为"大学计算机"，将要压缩的文件下载或复制到该文件夹中。

② 选定要压缩的多个文件及文件夹，右击，在弹出的快捷菜单中选择"添加到大学计算机 .rar"命令，开始压缩。完成后将压缩文件包"大学计算机 .rar"存储在当前文件夹中。

③ 选中要压缩的多个文件及文件夹，右击，在弹出的快捷菜单中选择"添加到压缩文件"命令，打开"压缩文件名和参数"对话框。

④ 压缩文件名默认为"大学计算机 .rar"，可以根据自己的需要修改该文件名。根据需要修改设置各种参数（对于普通压缩应用，使用默认参数即可）。例如，可单击"设置密码"按钮，打开"输入密码"对话框，设置密码后，解压时需要输入正确密码才能解压。

⑤ 单击"浏览"按钮，打开"查找压缩文件"对话框，选择保存压缩文件的位置为"D:\"。

⑥ 单击"确定"按钮，WinRAR 将执行压缩任务，完成后即可生成压缩文件。

2. 解压缩文件

① 找到需要解压缩的压缩文件，右击该文件，在弹出的快捷菜单中选择"解压文件"命令，打开"解压路径和选项"对话框。

② 在"目标路径"文本框中，输入保存解压文件的盘符和路径，或在右边的列表框中选择保存解压文件的位置。

③ 单击"确定"按钮，WinRAR 将执行解压操作，并将解压文件存储在指定路径位置。

任务6　设置磁盘清理、优化驱动器、Msconfig

任务目标

- 练习使用"磁盘清理"工具清理磁盘上的无用文件。

- 练习使用"磁盘碎片整理"工具整理磁盘上的碎片文件。
- 了解系统配置实用程序 Msconfig 的基本应用。

相关知识

1. 磁盘清理

计算机在使用过程中，除用户保存的文件以外，还会产生各种各样的其他文件，这些文件在使用过程中是必需的。由于各种原因，在使用完毕后，这些文件可能没有自动删除，占用磁盘空间，影响计算机运行速度，形成了所谓的"垃圾文件"。为了释放这些无用文件，可以使用"磁盘清理"功能，让计算机自动分析、清理它们。当然，也可以自己手动删除这些文件。

2. 磁盘碎片和优化驱动器

文件在磁盘中是以扇区、簇为单位进行存储的。在使用过程中，文件可能会分散存储。如果文件被分得太小，存储空间太分散，则该文件称为碎片文件。碎片文件会降低磁盘的工作效率，影响计算机运行速度。磁盘碎片整理可以将碎片文件收集在一起，使它们作为一个连续的整体存储在磁盘中，加快计算机对磁盘的读写速度，以此优化驱动器。

3. 自启动程序

计算机启动时，除运行计算机系统自身所需文件外，还有一些其他插件和应用程序会随系统启动而自动运行，这些程序称为自启动程序。例如，一般的病毒防火墙软件在系统开机时就会自动启动。另外，很多病毒程序、木马程序也会将自己设为自启动程序。

如果系统启动时自启动程序过多，会造成计算机启动速度降低，并影响系统运行速度。用户可以通过系统配置实用程序 Msconfig 查看系统中的自启动程序，并清除无用的自启动程序。

任务实现

1. 进行磁盘清理

① 选择"开始"→"Windows 管理工具"→"磁盘清理"命令，打开"选择驱动器"对话框。选择要清理的逻辑盘后单击"确定"按钮，稍等一段时间，经过系统计算后，将打开磁盘清理程序，打开"磁盘清理"对话框。

② 根据需要，勾选要清理的复选框，单击"确定"按钮即可。在单击"确定"按钮之前，可以单击"清理系统文件"按钮，查看、核对要删除的文件。

2. 整理磁盘碎片和优化驱动器

① 选择"开始"→"Windows 管理工具"→"碎片整理和优化驱动器"命令，

磁盘清理

打开图 2-10 所示的"优化驱动器"窗口。

② 选择要进行碎片整理和优化驱动器的逻辑盘,单击"分析"按钮,则系统对该逻辑盘进行碎片分析。单击"优化"按钮,则进行碎片整理。

③ 在系统对选定逻辑盘分析及整理完毕后,单击"关闭"按钮返回 Windows 系统。

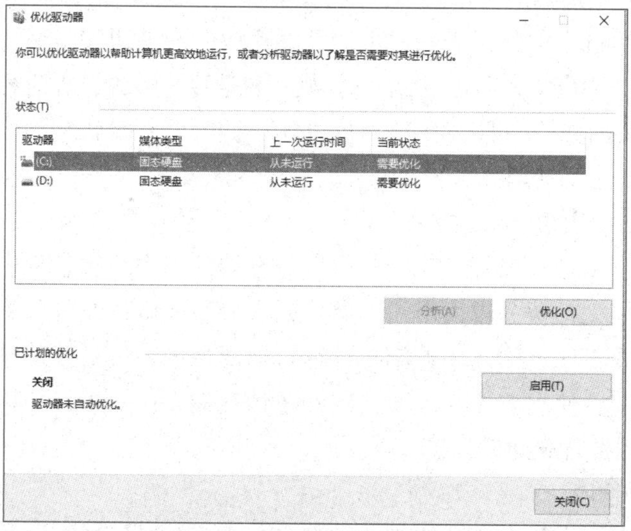

图 2-10 "优化驱动器"窗口

3. Msconfig 使用

① 在任务栏的搜索栏中输入"Msconfig"(按【Enter】键),或选择"开始"→"Windows 系统"→"运行"命令,在打开的"运行"对话框中输入命令"Msconfig"(按【Enter】键),打开图 2-11 所示的"系统配置"对话框。

② 在"常规"选项卡中,可在"正常启动""诊断启动""有选择的启动"中选择一种启动方式。

③ 在"启动"选项卡中,单击"打开任务管理器"按钮,可以取消不需要开机首启动的应用程序。

④ 在"服务"选项卡中,可以禁用不需要的系统服务。

注意:使用 Msconfig 应该对计算机系统有较深入的了解,如果操作不当可能会引起一些意想不到的后果。

图 2-11 "系统配置"对话框

拓展练习

一、请扫码完成本项目测试

交互式练习

二、试一试以下操作

1. 熟悉 Windows 10 的桌面功能。
2. 练习任务栏的操作。
3. 练习使用"小娜"完成任务。
4. 练习使用 WinRAR 工具压缩文件和解压文件。
5. 练习使用"磁盘清理"工具清理计算机磁盘上的无用文件。

项目 3 WPS 文字处理

WPS 文字是 WPS 办公软件的一个重要组件，用于制作文档。本章主要介绍使用 WPS 文字创建文档、格式设置、表格编辑、插入对象、长文档管理等知识。

引导案例

进入大学后，学校组织了"大学生职业生涯规划大赛"，小红觉得面对未来激烈的竞争，认真开展一次职业生涯规划，对于当前的学习和未来的职业发展都是非常重要的，因此准备参加此次比赛，而参加比赛需要制作"大学生职业生涯规划大赛"文档，但是小红非常缺乏使用 WPS 文字工具创建和编辑文档的知识，本章以创建和编辑"大学生职业生涯规划"文档为例，系统讲解使用 WPS 文字创建和编辑文档的知识。

学习目标

- 熟悉 WPS 文字的界面布局和基本设置，能够使用 WPS 文字进行创建文档等基本操作。
- 掌握 WPS 文字常见的编辑方法和格式设置，能够使用 WPS 文字实现文档的编辑和格式设置。
- 掌握 WPS 文字中表格编辑的基本方法，能够使用 WPS 文字实现文档中表格的编辑和数据计算。
- 掌握 WPS 文字中插入对象的基本方法，能够使用 WPS 文字实现文档中文本框、图片和艺术字等对象的插入。
- 掌握 WPS 文字中长文档管理的基本方法，能够使用 WPS 文字实现长文档中的项目编号、标题设置、插入分隔符和设置页眉页脚、创建和设置封面等操作。

项目3 WPS 文字处理

任务1 创建文档——创建"大学生职业生涯规划"文档

需求分析

本任务需要使用 WPS 文字创建一个"大学生职业生涯规划"文档,并熟悉 WPS 文字的界面布局。

方案设计

使用 WPS 软件创建文档,创建的文档如图 3-1 所示。

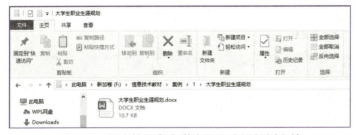

图 3-1 创建并保存大学生职业生涯规划文档

相关要求如下:
启动 WPS Office 后,选择文字工具,新建一个文档。

相关知识

1. 新建文档

WPS 启动后进入首页界面,如图 3-2 所示。

图 3-2 WPS 首页界面

WPS 首页默认显示"导航栏""常用位置""最近访问文档"等内容,在文件列表中可查看用户文件。标题栏默认显示"新建"选项卡。

新建 WPS 文字文档的操作步骤如下:

① 在系统"开始"菜单中选择"所有程序\WPS Office\WPS 2019"命令启动 WPS。

② 在 WPS 首页中单击标签栏"新建"或"+"按钮,打开"新建"标签。在 WPS 主页面中,按【Ctrl+N】组合键也可以打开"新建"选项卡。

③ 在"新建"选项卡中,单击文档类型选择区中的"文字"按钮,显示 WPS 文字模板列表,如图 3-3 所示。

图 3-3 新建文档

④ 单击模板列表中的"新建空白文档"按钮,创建一个空白文档,如图 3-4 所示。

图 3-4 新建空白文档

其他创建 WPS 空白文字文档的方法如下：

· 在系统桌面或文件夹中，右击空白位置，在弹出的快捷菜单中选择"新建"→"DOC 文档"或"新建"→"DOCX 文档"命令。

· 打开文档后，在文档编辑窗口中按【Ctrl+N】组合键。

· 打开文档后，选择"文件"→"新建"菜单命令新建文档。

2. 使用在线模板创建文档

模板包含了预定义的格式和内容（空白文档除外）。使用模板创建文档时，用户只需根据提示填写、修改相应的内容，即可快速创建文档。

WPS 提供了海量的在线模板给用户使用。在启动时，WPS 会提示登录会员账号。在未登录时，可在启动页面单击"点击登录"或者用户头像，或在新建标签页中单击右侧的"登录"按钮或者用户头像，打开登录账号对话框登录 WPS。用户注册账号并登录后即可使用免费模板。

在"新建"选项卡的模板列表中，单击要使用的模板，可打开模板的预览界面，如图 3-5 所示。单击预览界面右上角的"关闭"按钮 可关闭预览界面。

图 3-5　预览模板

单击预览界面下面的"立即下载"按钮，可立即下载模板，并用其创建新文档。图 3-6 所示为使用模板创建的新文档，用户根据需求修改相应的内容，即可完成文档的创建。

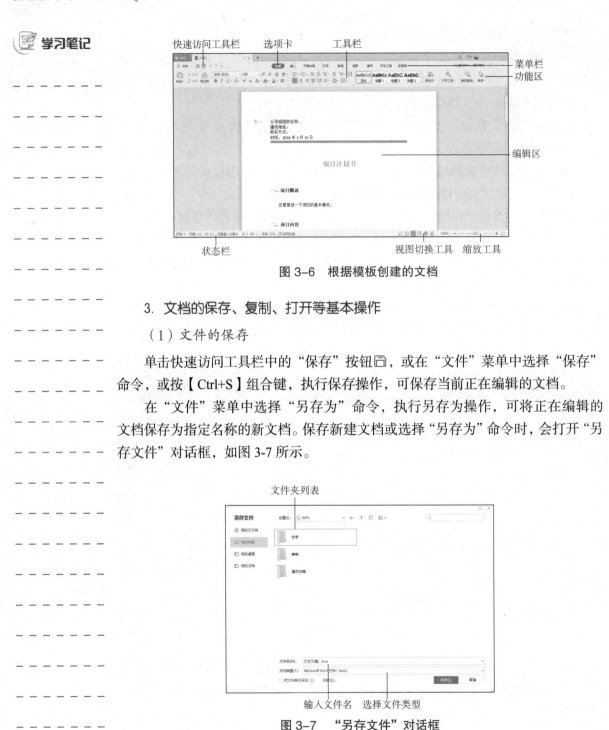

图 3-6 根据模板创建的文档

3. 文档的保存、复制、打开等基本操作

（1）文件的保存

单击快速访问工具栏中的"保存"按钮，或在"文件"菜单中选择"保存"命令，或按【Ctrl+S】组合键，执行保存操作，可保存当前正在编辑的文档。

在"文件"菜单中选择"另存为"命令，执行另存为操作，可将正在编辑的文档保存为指定名称的新文档。保存新建文档或选择"另存为"命令时，会打开"另存文件"对话框，如图 3-7 所示。

图 3-7 "另存文件"对话框

在"另存文件"对话框的左侧窗格中，列出了常用的保存位置，包括我的电脑、我的桌面、我的文档等。

"位置"下拉列表框显示了当前保存位置，用户也可从下拉列表框中选择其他的位置进行保存。选择保存位置后,可进一步在文件夹列表中选择保存文档的子文件夹。

在"文件名"文本框中输入文档名称。在"文件类型"下拉列表框中选择想要保存的文件类型。WPS 文字文档的默认保存文件类型为"Microsoft Word 文件",文件扩展名为 .docx,保持了与微软 Word 等办公软件的格式兼容。用户还可将文档保存为 WPS 文字文件、WPS 文字模板文件、PDF 文件格式等 10 多种文件类型。完成设置后,单击"保存"按钮完成保存操作。

(2)文件的复制

文件的复制,可以通过鼠标操作的方式完成,也可以通过快捷键的方式完成。使用鼠标完成文件的复制时,可以先单击选中要复制的文件,然后右击文件,在弹出的快捷菜单中,如图 3-8 所示,选择"复制"命令进行复制,在需要粘贴的文件夹空白位置右击,然后选择"粘贴"命令,即可粘贴,如图 3-9 所示,粘贴到相同目录下的效果如图 3-10 所示。在单击选中要复制的文件后,也可以使用组合键【Ctrl+C】完成复制,在需要粘贴的地方,使用组合键【Ctrl+V】完成粘贴。

图 3-8　在快捷菜单中复制文件

图 3-9　鼠标右键粘贴文件

图 3-10　同一目录下粘贴完成后的效果

(3)文件的打开

在打开 WPS 后,进入首页,如图 3-11 所示,可以单击首页中导航栏的"打开"按钮,弹出对话框如图 3-12 所示,打开文件,也可以从"常用"位置打开文件,或者从快速访问列表处打开最近使用过的文件。

图 3-11　WPS 首页

图 3-12　"打开文件"窗口

在已经打开文件的界面中，可以使用"文件"菜单中的"打开"命令，如图 3-13 所示，也可以打开新的文件。

图 3-13　"文件"菜单中的"打开"命令

项目 3　WPS 文字处理

4. 熟悉 WPS 文字软件的界面布局

WPS 文字文档窗口主要由功能区、快速访问工具栏、选项卡、编辑区、状态栏等组成，对应位置如图 3-6 所示。

- 功能区：选择功能区中的选项卡按钮可显示其对应的选项卡。
- 快速访问工具栏：包含了保存、打印、撤销、恢复等常用按钮。单击其中的"自定义快速访问工具栏"按钮 ，可选择在快速访问工具栏中显示的按钮，或打开自定义对话框来添加命令。
- 选项卡：提供功能区中不同选项卡的功能操作按钮，单击按钮可执行相应的操作。
- 编辑区：显示和编辑当前文档。
- 状态栏：显示文档的页码、页面、字数等信息，包含了视图切换和缩放等工具。

任务实现

新建一个空白文档，然后以"大学生职业生涯规划"为名保存到"信息技术"文件夹内，也可以保存在其他位置，如桌面或者 C 盘等。具体实现步骤如下：

① 启动 WPS 2019。单击"开始"菜单中的 WPS 2019 软件或者双击桌面上 WPS 2019 的快捷方式，启动 WPS 2019 软件。

② 在 WPS 2019 软件中选择"新建"命令，在"新建"页面中选择文档。

③ 在文档标签页中，选择空白文档，完成空白文档的新建。

④ 单击"文件"菜单，选择"保存"命令。

⑤ 在"另存为"对话框中修改文件名称，并选择文件保存位置为桌面或者 C 盘，保存文件。

任务2　格式设置——制作"大学生职业生涯规划"文档

需求分析

本任务需要实现在任务 1 中新建的"大学生职业生涯规划"文档中录入并编辑文本，利用常见的文本操作实现文本快速编辑，设置页面、字体与段落的格式，设置边框与底纹，并对文件进行保存、输出与打印。

方案设计

针对任务 1 新建的"大学生职业生涯规划"文档，录入文本内容，利用常见的文本编辑操作实现文本编辑，然后对文档进行格式设置，包括设置页面大小和

视　频

创建文档

页边距，设置字体和段落，设置边框和底纹，并对文件进行保存、输出和打印，初步制作完成的文档如图 3-14 所示。

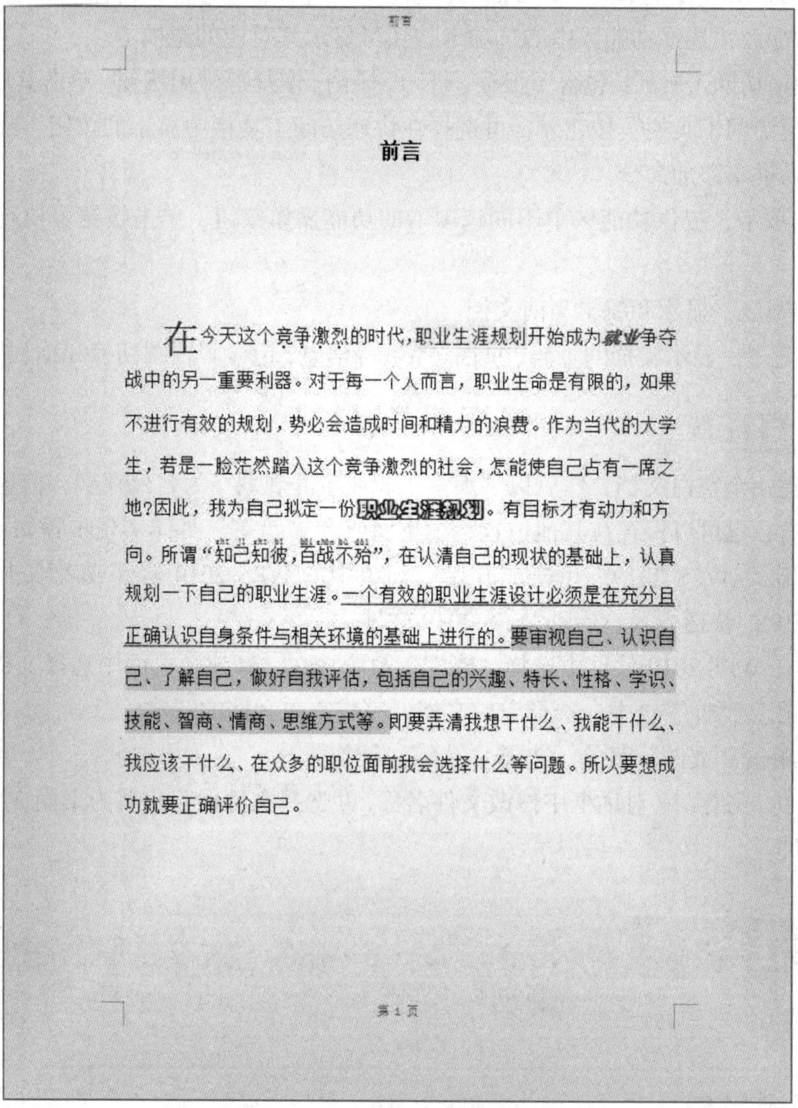

前言

前言

在今天这个竞争激烈的时代，职业生涯规划开始成为就业争夺战中的另一重要利器。对于每一个人而言，职业生命是有限的，如果不进行有效的规划，势必会造成时间和精力的浪费。作为当代的大学生，若是一脸茫然踏入这个竞争激烈的社会，怎能使自己占有一席之地？因此，我为自己拟定一份职业生涯规划。有目标才有动力和方向。所谓“知己知彼，百战不殆”，在认清自己的现状的基础上，认真规划一下自己的职业生涯。一个有效的职业生涯设计必须是在充分且正确认识自身条件与相关环境的基础上进行的。要审视自己、认识自己、了解自己，做好自我评估，包括自己的兴趣、特长、性格、学识、技能、智商、情商、思维方式等。即要弄清我想干什么、我能干什么、我应该干什么、在众多的职位面前我会选择什么等问题。所以要想成功就要正确评价自己。

第 1 页

图 3–14　大学生职业生涯规划

相关知识

1. 输入文本

在文档的编辑区域，光标所在位置称为插入点，光标显示为闪烁的竖线，从键盘输入的内容，始终插入到插入点所在的位置，输入内容后，光标将随着插入的内容自动向右移动。单击或者按方向键可以移动插入点的位置。

在输入文本前，需要选择自己熟悉的输入法，可以使用鼠标在任务栏切换输入法和切换输入法中文、英文的输入状态，还可以使用【Ctrl+Shift】组合键切换输入法，使用【Shift】键切换中文、英文输入状态等。

在输入时，按下键盘上的【Insert】键可以切换输入的状态。如果输入状态为插入，则在插入点位置插入输入的内容，插入点之后的原来内容依次向右移动；如果输入状态为替换，则插入点之后的原来内容会依次被替换为输入的内容。

在输入时，可以使用【BackSpace】键依次删除插入点之前的内容，同时插入点依次向左移动；可以使用【Delete】键依次删除插入点之后的内容；也可以用鼠标选中一段连续的内容，再按【BackSpace】或【Delete】键删除这段内容。

2. 文本编辑操作

在录入文本的过程中，对于重复内容，可以复制已经出现的文本并粘贴在需要的地方，这样不仅能够提高文本录入的效率，还可以提高准确性。在复制文本的时候，对于多个连续的字或者行，可以使用选择连续内容的方式，提高编辑录入文本的效率。在打字录入时，如发现有误，可及时使用撤销功能，撤销刚刚录入的错误文字。

（1）移动插入点

在编辑文档时，如果需要移动插入点，可以直接单击完成，也可以使用键盘来移动插入点，使用键盘移动插入点的常用方法如下：

- 【←】键：将插入点向左移动一个字符。
- 【→】键：将插入点向右移动一个字符。
- 【↑】键：将插入点向上移动一行。
- 【↓】键：将插入点向下移动一行。
- 【Ctrl+←】键：将插入点向左移动一个词语。
- 【Ctrl+→】键：将插入点向右移动一个词语。
- 【Ctrl+↑】键：将插入点移动到上一个段落的开始位置。
- 【Ctrl+↓】键：将插入点移动到下一个段落的开始位置。
- 【Home】键：将插入点移动到当前行行首。
- 【End】键：将插入点移动到当前行末尾。
- 【Ctrl+Home】键：将插入点移动到整个文档开头。
- 【Ctrl+End】键：将插入点移动到整个文档末尾。
- 【Page Down】键：将插入点向下移动一页。
- 【Page Up】键：将插入点向上移动一页。

（2）选择内容

在执行复制、剪切、移动、删除或者格式设置时，往往需要先选中内容，常用方法如下：

①选择连续内容：单击开始位置，按下鼠标左键不松，拖动选择连续内容。

②选择连续内容：单击开始位置，按住【Shift】键，再单击末尾位置；或者在按住【Shift】键的同时，按移动插入点的快捷键。

③选择多段不相邻的内容：选中第一部分内容后，按住【Ctrl】键，再单击另一部分开始位置，按住鼠标左键拖动选择连续内容。

④选择词组：双击可选中词组。

⑤选择一行：将鼠标指针移动到编辑区左侧，待鼠标指针变成形状时，单击。

⑥选择一个段落：将鼠标指针移动到编辑区左侧，待鼠标指针变成形状时，双击；或者将鼠标指针移动到要选择的行中，连续3次单击。

⑦选择整个文档：将鼠标指针移动到编辑区左侧，待鼠标指针变成形状时，连续3次单击；或者按【Ctrl+A】组合键。

⑧选择矩形区域：按住【Alt】键，再按住鼠标左键拖动。

（3）复制和粘贴内容

复制内容，需要首先选中内容，然后右击，在弹出的快捷菜单中选择"复制"命令；或者按【Ctrl+C】组合键；或者单击"开始"选项卡中的"复制"按钮。以上三种方式任选其一，都可以完成复制。

完成复制后，移动插入点到需要粘贴的位置，然后右击，在弹出的快捷菜单中，选择"粘贴"命令；或者按【Ctrl+V】组合键；或者单击"开始"选项卡中的"粘贴"按钮。以上三种方式任选其一，都可以完成粘贴。

（4）移动内容

移动内容可以使用鼠标的方式一步完成。使用鼠标移动内容时，首先需要选中内容，然后把鼠标指针移动到选中内容上，按住鼠标左键拖动到目标位置松开即可。

也可以分成剪切和粘贴两步来完成。首先，选中需要移动的内容，在剪切内容这一步，可以按下【Ctrl+X】组合键，或者单击"开始"选项卡中的"剪切"按钮，或者在选中内容上右击，在弹出的快捷菜单中选择"剪切"命令，完成剪切操作；然后，把插入点移动到目标位置，在粘贴这一步，可以按下【Ctrl+V】组合键，或者单击"开始"选项卡中的"粘贴"按钮，或者在插入点右击，选择"粘贴"命令，把剪切的内容粘贴到目标位置。

（5）查找与替换

查找功能，用于在文档中根据关键字进行快速查找定位。

打开文档后，单击"开始"选项卡中的"查找"按钮，或者按下【Ctrl+F】组合键，打开"查找和替换"对话框，如图3-15所示。

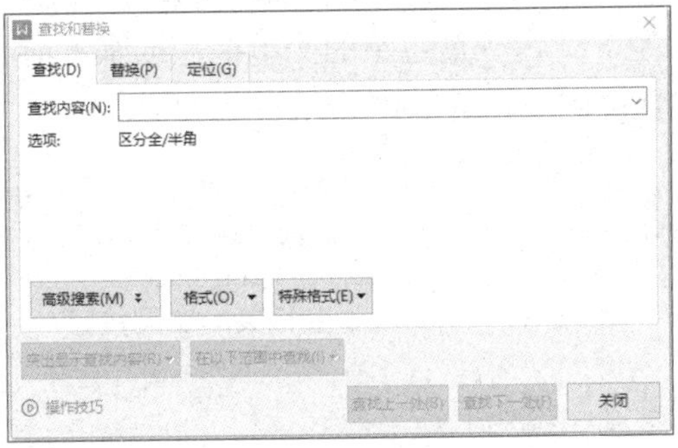

图 3-15 "查找和替换"对话框

"查找和替换"对话框有"查找""替换""定位"三个选项卡,分别用来执行查找操作、替换操作和定位插入点操作。

单击"高级搜索"按钮,可显示或隐藏高级搜索选项,选中高级搜索选项时,可在搜索时执行相应操作。

单击"格式"按钮,打开下拉菜单,在下拉菜单中可选择设置字体、段落、制表符、样式、突出显示等格式,在搜索时匹配指定格式。

单击"特殊格式"按钮,打开下拉菜单,在下拉菜单中选择要查找的特殊格式,如段落标记、制表符、图形、分节符等。

(6) 撤销和恢复

在编辑文档时,对于最近的操作,有时需要撤销或者恢复。

编辑文档时,单击快速访问工具栏中的"撤消"按钮↶或者按下【Ctrl+Z】组合键,可撤销之前执行的操作。单击"撤消"按钮右侧的下拉按钮,打开操作列表,单击列表中的操作,可撤销该操作及列表中它之前的所有操作。

单击快速访问工具栏中的"恢复"按钮↷,或按【Ctrl+Y】组合键,可恢复之前撤销的操作。

3. 设置页面布局

在 WPS 菜单栏中单击"页面布局"选项卡后,选项卡中显示"主题""页面设置""背景""页面边框"等主要页面布局设置功能,如图 3-16 所示。

单击"主题"下拉按钮可以更改整个文档的总体设计,包括颜色、字体和效果。紧跟在"主题"下拉按钮右侧的"颜色""字体""效果"三个下拉按钮分别用来更改当前主题的颜色、字体和效果。

图 3-16 "页面布局"选项卡

"页面布局"中另一个常用的工具是"页面设置"。页面设置包含了页边距、设置"上""下""左""右"页边距的文本框、纸张方向、纸张大小及分栏等与页面设置相关的工具按钮，如图3-17所示。

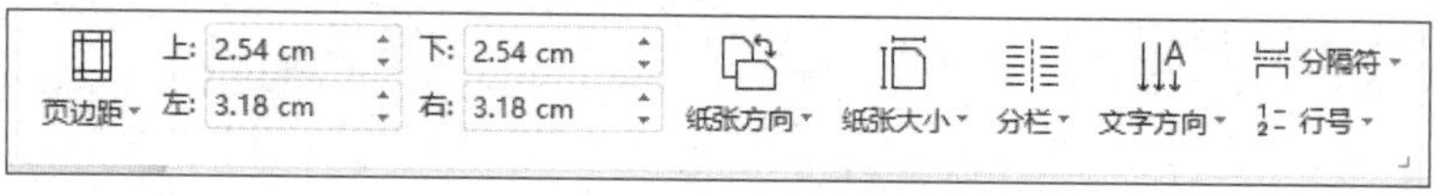

图3-17 与页面设置相关的工具按钮

其中主要的功能设置介绍如下：

（1）设置页边距

在"页面布局"选项卡中单击"页边距"下拉按钮，在其下拉菜单中可选择普通、窄、适中、宽等常用页边距，也可以选择"自定义页边距"命令，打开"页面设置"对话框，如图3-18所示。

"页边距"选项卡包含了页边距、纸张方向、页码范围和应用范围等设置。在"应用于"下拉列表框中，可选择将当前设置应用于整篇文档、本节或者是插入点之后。设置自定义页边距，也可以在"页面设置"选项卡的"上""下""左""右"文本框中输入需要设置的页边距。

（2）设置纸张方向

在"页面布局"选项卡中单击"纸张方向"下拉按钮，可打开纸张方向下拉菜单，在下拉菜单中可以选择"纵向""横向"等纸张方向，如图3-19所示。

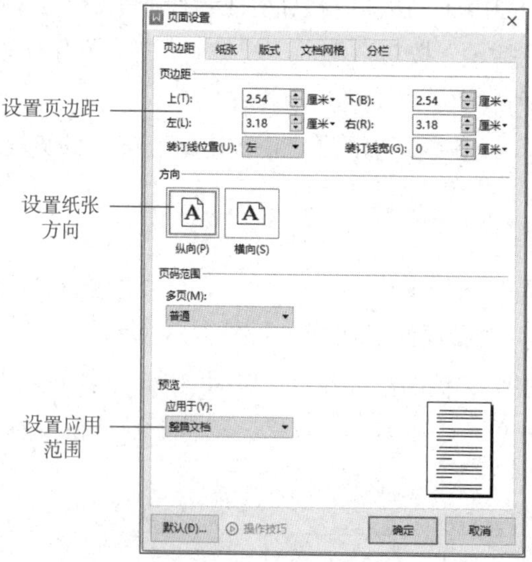

图3-18 "页面设置"对话框"页边距"选项卡

图3-19 "纸张方向"下拉菜单

视频
设置页面大小及页边距

（3）设置纸张大小

在"页面布局"选项卡中单击"纸张大小"下拉按钮，可打开纸张大小下拉菜单，在其中可选择纸张大小，如图3-20所示。

单击菜单底部的"其他页面大小"命令可打开"页面设置"对话框的"纸张"选项卡，如图3-21所示。在此可自定义纸张大小。

图3-20 "纸张大小"下拉菜单

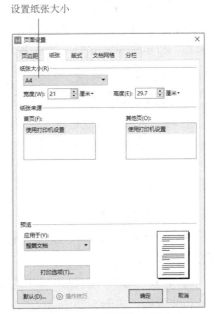

图3-21 "纸张"选项卡

（4）文档分栏

文档分栏可使整个文档或部分文档内容在一个页面中按两栏或多栏排列。在"页面布局"选项卡中单击"分栏"下拉按钮，可打开"分栏"下拉菜单，在其中可选择一栏、两栏、三栏分栏方式，如图3-22所示。

选择菜单中的"更多分栏"命令，可打开"分栏"对话框，如图3-23所示。

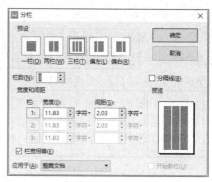

图 3-22 "分栏"下拉菜单　　　　图 3-23 "分栏"对话框

在对话框中的"预设"选项组中,可选择预设的分栏方式。在"栏数"数值文本框中可输入分栏数量。设置分栏数量后,可分别设置每一栏的宽度和间距。在"应用于"下拉列表框中可选择分栏设置的应用范围。"分栏"对话框和"页面设置"对话框中"分栏"选项卡的作用相同。

(5) 设置页面边框

设置页面边框的操作步骤如下:

① 在"页面布局"选项卡中单击"页面边框"按钮,打开"边框和底纹"对话框的"页面边框"选项卡,如图3-24所示。

② 在"设置"列中,选择"方框"或"自定义"选项。在"线型"列表框中选择边框线型,在"颜色"下拉列表框中选择边框颜色,在"宽度"数值文本框中设置边框宽度,在"艺术型"下拉列表框中选择边框图片样式,在"应用于"下拉列表框中选择设置的应用范围。在"设置"列中,选择"无"选项可取消页面边框。

③ 单击"选项"按钮,打开"边框和底纹选项"对话框,设置好边框距离正文的相关选项,如图3-25所示。

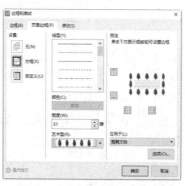　　

图 3-24 "页面边框"选项卡　　图 3-25 "边框和底纹选项"对话框

④ 设置完成后，单击"确定"按钮关闭对话框。

（6）设置页面背景

在"页面布局"选项卡中单击"背景"下拉按钮，打开背景下拉菜单，可从菜单中选择使用颜色、图片、纹理、水印等作为页面背景，如图3-26所示。

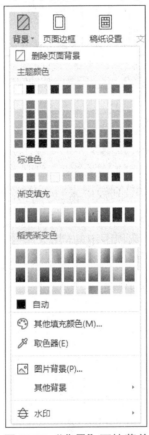

图3-26 "背景"下拉菜单

4. 设置文本格式

文本通常是构成一个文档的主要内容，文本的数量往往很多，如果不进行格式设置，文档的可阅读性就会变得很差。而文本格式可对文档中的文字格式进行设置，合理的文本格式设置，能够提供给用户良好的阅读体验。下面从13个方面介绍文本的格式设置。

（1）设置字体

选中文本后，可在"开始"选项卡中的"字体"下拉列表框中输入字体名称，或者单击下拉列表框右侧的下拉按钮，打开字体列表，从列表中选择字体。"字体"下拉列表框会显示插入点前面文本的字体。图3-27所示为设置了

设置字体与段落

学习笔记

不同字体的文本。

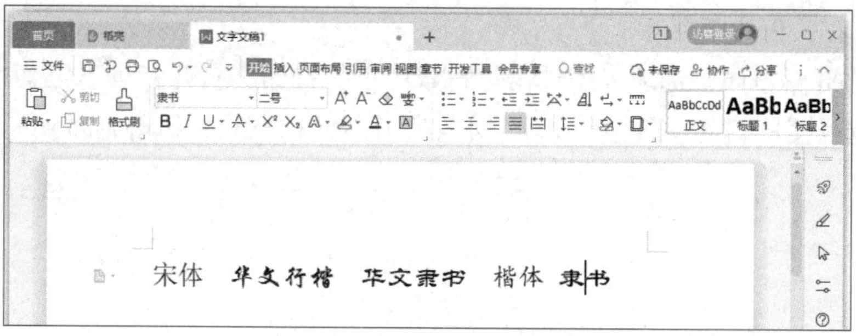

图 3–27　不同字体的文本

（2）设置字号

选中文本后，可在“开始”选项卡中的“字号”下拉列表框 五号 中输入字号大小，或者单击下拉列表框右侧的下拉按钮，打开字号列表，从列表中选择字号。可在“字号”文本框中输入字号列表中未包含的字号。例如，在“字号”下拉列表框中输入“150”，可设置超大文字。

选中文本后，单击“开始”选项卡中的“增大字号”按钮 A⁺ 或按【Ctrl+]】组合键，可增大字号；单击“减小字号”按钮 A⁻ 或按【Ctrl+[】组合键，可减小字号。

图 3-28 所示为设置了不同字号的文本。

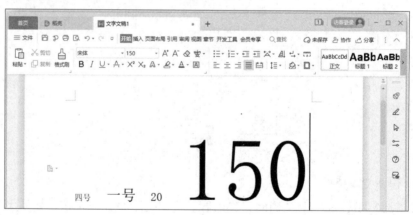

图 3–28　不同字号的文本

（3）文本加粗

选中文本后，单击“开始”选项卡中的“加粗”按钮 B 或按【Ctrl+B】组合键，可为文本添加或取消加粗效果。图 3-29 展示了加粗和未加粗的文本效果。

（4）文本斜体

选中文本后，单击“开始”选项卡中的“斜体”按钮 *I* 或按【Ctrl+I】组合键，可为文本添加或取消斜体效果。图 3-29 展示了斜体文本效果。

（5）文本加下画线

选中文本后，单击"开始"选项卡中的"下画线"按钮 U 或按【Ctrl+U】组合键，可为文本添加或取消下画线。单击"下画线"按钮右侧的下拉按钮，打开下拉菜单，在其中可选择下画线样式及设置下画线颜色。图 3-29 展示了添加标准下画线和蓝色虚线下画线的文本效果。

（6）文本加删除线

选中文本后，单击"开始"选项卡中的"删除线"按钮，可为文本添加或取消删除线。单击"删除线"按钮右侧的下拉按钮，打开下拉菜单，选择"着重号"命令，可在文本下方添加着重符号。图 3-29 展示了删除线和着重号效果。

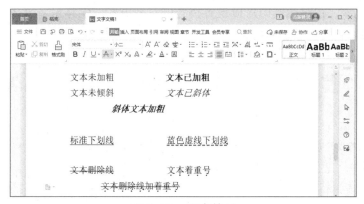

图 3-29 文本效果

（7）上标和下标

选中文本后，单击"开始"选项卡中的"上标"按钮 X^2，可将所选文本设置为上标。选中文本后，单击"开始"选项卡中的"下标"按钮 X_2，可将所选文本设置为下标。图 3-30 展示了上标和下标效果。

（8）设置文字效果

选中文本后，单击"开始"选项卡中的"文字效果"按钮，打开下拉菜单，菜单中提供了为文本添加艺术字、阴影、倒影、发光等多种效果的命令。图 3-30 展示了文字发光效果。

（9）设置突出显示

选中文本后，单击"开始"选项卡中的"突出显示"按钮，为选中的文本添加背景颜色以突出显示文本。"突出显示"按钮下方的颜色代表了当前颜色，可单击按钮右侧的下拉按钮，打开下拉菜单，从下拉菜单中选择其他背景颜色。图 3-30 展示了突出显示效果。

(10)设置文本颜色

选中文本后,单击"开始"选项卡中的"字体颜色"按钮 A,为文本设置颜色。"字体颜色"按钮下方的颜色代表了当前颜色,可单击按钮右侧的下拉按钮,打开下拉菜单,从下拉菜单中选择颜色。图 3-30 展示了蓝色文字效果。

(11)设置字符底纹

选中文本后,单击"开始"选项卡中的"字符底纹"按钮 A,可为文本添加或取消底纹。图 3-30 展示了字符底纹效果。

(12)为汉字添加拼音

选中文本后,单击"开始"选项卡中的"拼音指南"按钮 变,可为文本添加拼音,图 3-30 展示了添加拼音的效果。单击"拼音指南"按钮时会打开"拼音指南"对话框,如图 3-31 所示,在对话框中可以设置拼音的对齐方式、偏移量、字体、字号等相关属性,或者删除已添加的拼音。

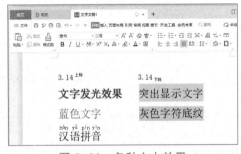

图 3-30 各种文本效果

图 3-31 "拼音指南"对话框

(13)"字体"对话框

单击"开始"选项卡"字体"对话框按钮 ⌐,或者右击,在弹出的快捷菜单中选择"字体"命令,打开"字体"对话框,如图 3-32 所示,字符间距选项卡如图 3-33 所示。

图 3-32 "字体"对话框

图 3-33 "字符间距"选项卡

在"字体"对话框的"字体"选项卡中,可以设置与文本字体相关的属性;在"字符间距"选项卡中,可以设置字符间距。单击对话框下方的"操作技巧"链接,可打开浏览器查看WPS学堂网站提供的字体设置技巧视频教程。

5. 设置段落格式

段落格式包括对齐方式、缩进和行距等设置。

(1)设置段落对齐方式

段落对齐方式如下:

① 左对齐:段落中的文本向页面左侧对齐。"开始"选项卡中的"左对齐"按钮≡用于设置左对齐。

②居中对齐:段落中的文本向页面中间对齐。"开始"选项卡中的"居中对齐"按钮≡用于设置居中对齐。

③ 右对齐:段落中的文本向页面右侧对齐。"开始"选项卡中的"右对齐"按钮≡用于设置右对齐。

④ 两端对齐:自动调整字符间距,使段落中所有行的文本两端对齐,最后一行按左对齐处理。"开始"选项卡中的"两端对齐"按钮≡用于设置两端对齐。

⑤ 分散对齐:行中的文字均匀分布,使文本向页面两侧对齐。"开始"选项卡中的"分散对齐"按钮≡用于设置分散对齐。

单击"开始"选项卡中的各种段落对齐工具按钮,可为选中内容所在段落设置对齐方式。如果没有选中内容,则为插入点所在段落设置对齐方式。图3-34所示为各种对齐效果。

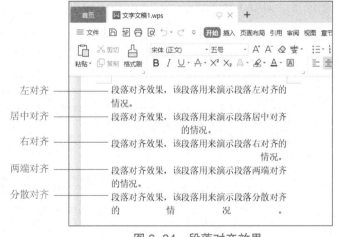

图3-34 段落对齐效果

(2)设置缩进

段落的各种缩进含义如下:

- 左缩进：段落左边界距离页面左侧的缩进量。
- 右缩进：段落右边界距离页面右侧的缩进量。
- 首行缩进：段落第 1 行第 1 个字符距离段落左边界的缩进量。
- 悬挂缩进：段落第 2 行开始的所有行距离段落左边界的缩进量。

图 3-35 所示为各种缩进效果。

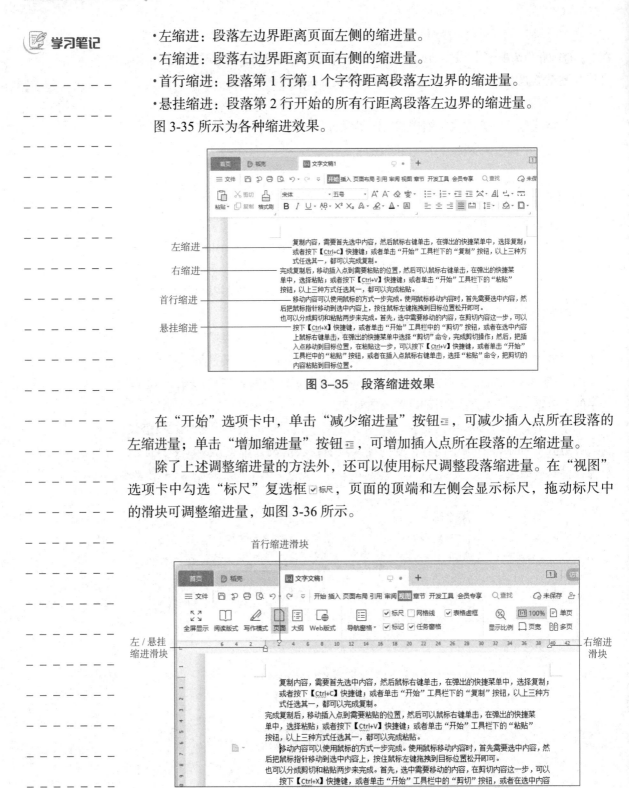

图 3-35　段落缩进效果

在"开始"选项卡中，单击"减少缩进量"按钮，可减少插入点所在段落的左缩进量；单击"增加缩进量"按钮，可增加插入点所在段落的左缩进量。

除了上述调整缩进量的方法外，还可以使用标尺调整段落缩进量。在"视图"选项卡中勾选"标尺"复选框，页面的顶端和左侧会显示标尺，拖动标尺中的滑块可调整缩进量，如图 3-36 所示。

图 3-36　使用标尺调整缩进量

（3）设置行距

行距指段落中行与行之间的间距，单击"开始"选项卡中的"行距"下拉按钮，打开下拉菜单，选择其中的命令即可为选中的内容所在的段落设置行距。图 3-37 展示了几种行距效果。

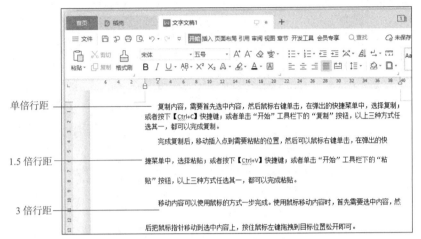

图 3-37 行距效果

（4）使用"段落"对话框

右击选中内容后，在弹出的快捷菜单中选择"段落"命令，打开"段落"对话框，如图 3-38 所示。"段落"对话框可用于设置段落的对齐方式、缩进、间距等各种段落格式。

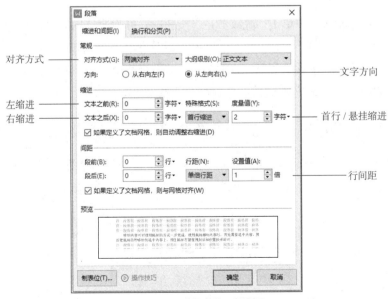

图 3-38 "段落"对话框

(5) 设置段落边框

在"开始"选项卡中单击"边框"按钮，可为选中的内容添加或取消边框。单击"边框"按钮右侧的下拉按钮，打开边框下拉菜单，在其中可选择设置各种边框，包括取消边框设置。图 3-39 展示了添加外侧框线的文本效果及边框下拉菜单。

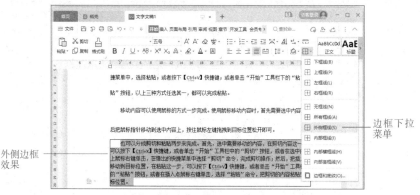

图 3-39　段落边框效果及边框下拉菜单

> **注意：**
> "边框"按钮"记忆"了前一次从边框下拉菜单中执行的边框操作，按钮显示为对应的图标。例如，表示外侧框线，若所选内容没有外侧边框，那么单击它可为选中的内容添加外侧边框；否则，即为执行取消外侧边框操作。

(6) 设置底纹

在"开始"选项卡中单击"底纹颜色"按钮，可为所选内容添加或取消底纹；无选中内容时，可为插入点所在的段落添加或取消底纹。单击"底纹颜色"按钮右侧的下拉按钮，打开下拉菜单，在其中可选择底纹颜色或者取消底纹颜色。图 3-40 展示了添加底纹颜色的文本效果及底纹颜色下拉菜单。

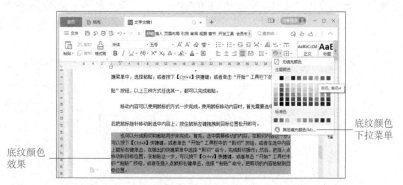

图 3-40　底纹颜色效果及底纹颜色下拉菜单

（7）设置段落首字下沉

首字下沉指段落的第一个字占据多行位置。单击"插入"选项卡中的"首字下沉"按钮，打开"首字下沉"对话框，如图 3-41 所示。在该对话框中，可将首字下沉位置设置为无、下沉或悬挂，可以设置首字的字体、下沉行数，以及距正文的距离等。图 3-42 展示了首字下沉和首字悬挂效果。

图 3-41 "首字下沉"对话框

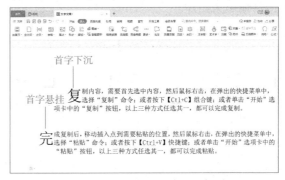

图 3-42 首字下沉和首字悬挂效果

6. 文件的输出与打印

（1）文件的输出

WPS 可将文字文档输出为 PDF、图片和演示文档。

① 输出为 PDF。

将文字文档输出为 PDF 的操作步骤如下：

A．单击功能区中的"文件"按钮，打开文件菜单。

B．在菜单中选择"输出为 PDF"命令，打开"输出为 PDF"对话框，如图 3-43 所示。

图 3-43 "输出为 PDF"对话框

视 频

文件保存、输出与打印

C. 在文件列表中选中要输出的文档，当前文档默认被选中。用户可在输出范围列中设置输出为 PDF 的页面范围。

D. 在"保存位置"下拉列表框中选择保存位置。

E. 单击"开始输出"按钮，执行输出操作。成功完成输出后，文档状态变为"输出成功"，此时可关闭对话框。

② 输出为图片。

将文字文档输出为图片的操作步骤如下：

A. 单击功能区中的"文件"按钮，打开"文件"菜单。

B. 在菜单中选择"输出为图片"命令，打开"输出为图片"对话框，如图 3-44 所示。

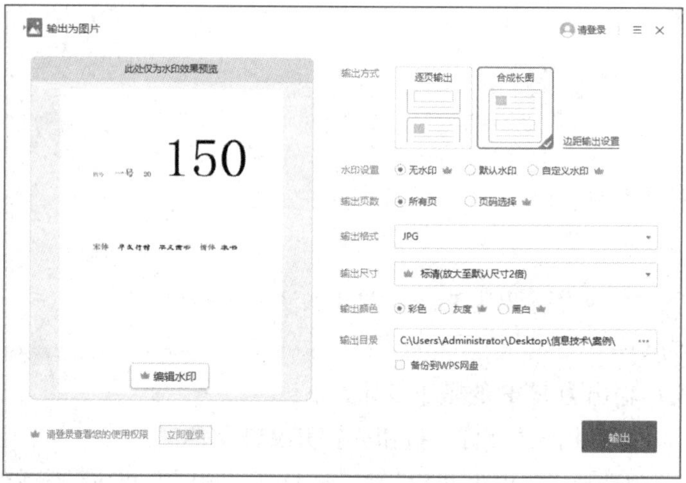

图 3-44 "输出为图片"对话框

C. 在"输出方式"栏中选择"逐页输出"或"合成长图"选项。

D. 在"水印设置"栏中选择"无水印""默认水印""自定义水印"选项注意：带 ♛ 的选项需要会员登录才能使用。在"输出页数"栏中选择"所有页"或者"页码选择"（按指定页码输出）选项。

E. 在"输出格式"下拉列表框中选择输出图片的文件格式。

F. 在"输出尺寸"下拉列表框中选择输出图片的尺寸。

G. 在"输出目录"文本框中输入图片的保存位置。用户可单击右侧的"…"按钮打开对话框选择保存位置。

H. 单击"输出"按钮，执行输出操作。

③ 输出为演示文档。

将文字文档输出为演示文档的操作步骤如下：

A．单击功能区中的"文件"按钮，打开"文件"菜单。

B．在菜单中选择"输出为 PPTX"命令，打开"输出为 pptx"对话框，如图 3-45 所示。

图 3-45 "输出为 pptx"对话框

C．在"输出至"文本框中输入演示文档的保存位置。用户可单击右侧的"…"按钮打开对话框选择保存位置。

D．单击"开始转换"按钮，执行转换操作。转换完成后，WPS 会自动打开演示文档。

（2）文件的打印

在 WPS 中，文字、表格和演示等文档的打印预览和打印操作基本相同。

① 打印预览。

打印预览可查看文档的实际打印效果。单击快速访问工具栏中的"打印预览"按钮，或在功能区中单击"文件"按钮，打开"文件"菜单，在其中选择"打印"→"打印预览"命令，文档窗口切换为打印预览模式，如图 3-46 所示。

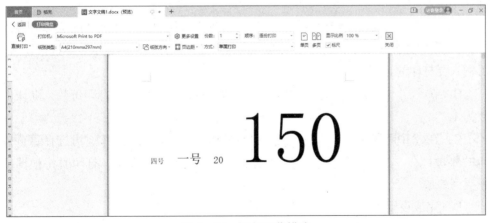

图 3-46 打印预览模式

在工具栏中，单击"单页"按钮，可在窗口中显示一个页面；单击"双页"按钮，可在窗口中同时显示两个页面；在"显示比例"下拉列表框中可选择缩放比例来查看页面效果；单击"关闭"按钮，可退出打印预览模式。

②打印文档。

在"文件"菜单中选择"打印"→"打印"命令,或单击快速访问工具栏中的"打印"按钮,或者按【Ctrl+P】组合键,打开"打印"对话框,如图3-47所示。

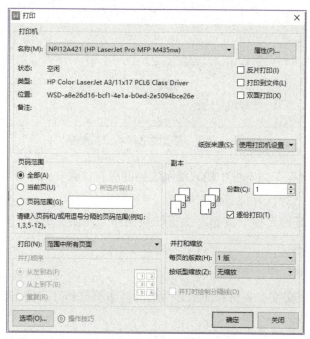

图3-47 "打印"对话框

WPS默认使用系统的默认打印机完成打印任务,可在"名称"下拉列表框中选择其他打印机。

A. 在"页码范围"选项组中,"全部"单选按钮表示打印文档的全部内容;"当前页"单选按钮表示只打印插入点所在的页面;选择"页码范围"单选按钮后,可输入要打印的页面页码。

B. 在"副本"选项组中的"份数"数值文本框中,可输入打印份数,默认份数为1。

C. 在"并打和缩放"选项组的"每页的版数"下拉列表框中,可选择每页打印的数量;在"按纸型缩放"下拉列表框中,可选择纸张类型,打印时将根据纸张类型缩放。

D. 完成设置后,单击"确定"按钮打印文档。

WPS Office 2019提供了高级打印功能。在"文件"菜单中选择"打印"→"高级打印"命令,打开高级打印窗口,如图3-48所示。

高级打印窗口提供了页面布局、效果、插入、裁剪、抬头、PDF等菜单,可进行与打印相关的各项设置,设置完成后,单击"开始打印"按钮即可打印文档。

图 3-48 高级打印窗口

（3）联机文档、保护文档、拼写检查

① 联机文档。

WPS 还可以创建联机文档（即在线文档），如图 3-49 所示，在新建页面，选择"新建在线文档"创建在线文档，进入在线文档模板页面，如图 3-50 所示，选择"员工出差总结报告"模板创建在线文档，如图 3-51 所示，修改完成后，单击"分享"按钮，选择"任何人可查看"或"任何人可编辑"或"仅指定人可查看/编辑"，最后单击"创建并分享"按钮，完成在线文档的创建，如图 3-52 所示，使用这种方式，可以有效开展多人协同编辑和查看，文件的最新变化，共享的每个人都可以查看到，避免重复发送文件的多个版本。

图 3-49 新建在线文档

图 3-50 新建在线文字模板页

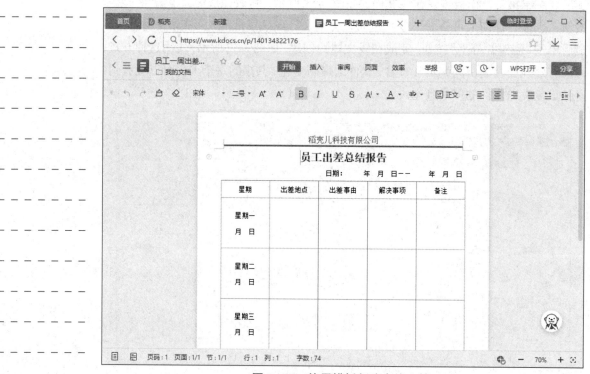

图 3-51 使用模板新建在线文档

图 3-52 单击"分享"按钮

② 保护文档。

保护文档，可以通过给文档设置打开权限密码和编辑权限密码的方式来实现。单击"文件"→"文档加密"→"密码加密"命令，打开图 3-53 所示的界面，分别给文件设置打开权限密码和编辑权限密码，如图 3-54 所示。

图 3-53 密码加密界面

图 3-54 "密码加密"对话框

③ 拼写检查。

单击"审阅"选项卡中的"拼写检查"按钮，对文档的内容可以实现拼写检查，如图 3-55 所示，可以在此对话框中对可能有问题的单词按照更改的建议进行更改、全部更改、忽略、全部忽略、添加到词典、删除、自定义词典等设置。

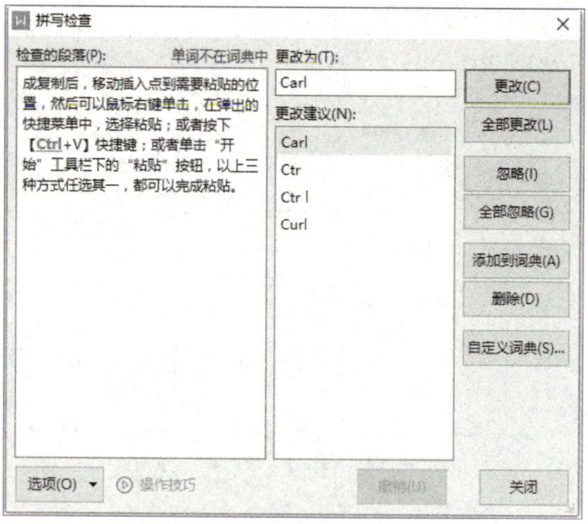

图 3-55 "拼写检查"对话框

任务实现

1. 输入文本

参考图 3-14 所示,使用中文输入法输入前言这一节的文本,字数大约 330 字。

2. 文本编辑操作

(1) 复制和粘贴

在输入"因此,我为自己拟定一份"这句话时,首先选中本段文本中第一句话中的"职业生涯规划",单击"开始"选项卡中的"复制"按钮进行复制,在这句话的"拟定一份"后面单击,把插入点移动到当前位置,再单击"开始"选项卡中的"粘贴"按钮进行粘贴,就完成了重复内容的复制和粘贴。

(2) 查找与替换

单击"开始"选项卡中的"查找与替换"按钮,在"查找和替换"对话框中选择"查找"标签,在"查找内容"文本框中输入"职业生涯",单击"查找下一处",查找并统计前言页中"自己的"四个字出现的位置和次数。选择"替换"标签,在"查找内容"文本框中输入"自己的",在"替换为"文本框中输入"我们的",单击"替换"完成一处内容的替换,单击"全部替换"完成全部替换。

3. 设置页面大小和页边距

如图 3-17 所示,设置页面大小和页边距及页面背景的操作如下:

(1) 设置页面纸张大小

在"页面布局"选项卡中单击"纸张大小"下拉按钮,打开"纸张大小"下拉菜单,在其中选择 A4(21 厘米 ×29.7 厘米)命令。

（2）设置页边距

在"页面设置"选项卡中的"上""下""左""右"文本框中分别输入 3 cm、2.54 cm、3.18 cm、3.18 cm。即四个页边距分别为上 3 cm，下 2.54 cm，左 3.18 cm，右 3.18 cm。

（3）设置页面背景

① 在"页面布局"选项卡中单击"背景"下拉按钮，打开背景下拉菜单，从菜单中选择"其他背景""渐变"，打开"填充效果"对话框，在"渐变"选项卡中进行图 3-56 的设置。

② 颜色设置为"白色 背景 1"与"深灰绿，着色 3，浅色 60%"双色。

③ 透明度均设置为 0%。

④ 底纹样式设置为"中心辐射"。

4. 设置字体与段落

（1）设置字体

图 3-56 设置渐变填充效果的背景

参考图 3-14，完成以下字体设置任务：

① 设置正文字体为宋体四号字。

选中页面中正文段落的文字，在"开始"选项卡中的字体下拉列表框中选择"宋体"字体，在"字号"下拉列表框中选择"四号"，把字体设置为宋体四号。

② 给"竞争激烈"四个字添加着重号。

选中"竞争激烈"四个字后，单击"开始"选项卡中的"删除线"按钮 A 按钮右侧的下拉按钮，打开下拉菜单，选择"着重号"命令，在"竞争激烈"四个字的下方添加着重符号。

③ 设置首次出现的"职业生涯规划"为突出显示（黄色）。

选中首次出现的"职业生涯规划"文本后，单击"开始"选项卡中的"突出显示"按钮 按钮右侧的下拉按钮，打开下拉菜单，从下拉菜单中选择黄色，为选中的文本添加黄色背景以突出显示文本。

④ 设置"就业"两个字为红色，并设置为加粗、斜体。

选中"就业"两个字后，单击"开始"选项卡中的"字体颜色"按钮 A 右侧的下拉按钮，打开下拉菜单，从下拉菜单中选择红色，为文本设置颜色。单击"开始"选项卡的加粗按钮 B、斜体按钮 I，把"就业"两个字设置为加粗、斜体。

⑤ 设置第二次出现的"职业生涯规划"字体为华文彩云、字号为三号并且加粗。

选中第二次出现的"职业生涯规划"，在"开始"选项卡的字体下拉列表框中选择"华文彩云"字体，在字号下拉列表框中选择"三号"，并单击加粗按钮B。

⑥给"知己知彼,百战不殆"这句话的每个字添加汉语拼音。

选中文本后,单击"开始"选项卡中的"拼音指南"按钮,打开"拼音指南"对话框,单击"确定"按钮,为选中的文本添加汉语拼音。

⑦给"一个有效的职业生涯设计必须是在充分且正确认识自身条件与相关环境的基础上进行的。"这句话添加红色的下画线,突出这句话。

选中文本后,单击"开始"选项卡中的"下画线"按钮右侧的下拉按钮,打开下拉菜单,在其中选择第一种下画线,再次单击"下画线"按钮右侧的下拉按钮,打开下拉菜单,在"下画线颜色"菜单中,选择标准色"红色",为选中文本添加红色下画线。

⑧给"要审视自己、认识自己、了解自己,做好自我评估,包括自己的兴趣、特长、性格、学识、技能、智商、情商、思维方式等。"这句话加上(灰色)字符底纹。

选中文本后,单击"开始"选项卡中的"字符底纹"按钮,为文本添加底纹。

(2)设置段落

针对该段落,完成以下段落设置任务:

①设置首字下沉1行,距正文0厘米。单击"插入"选项卡中的"首字下沉"按钮,打开"首字下沉"对话框,如图3-57所示。在该对话框中,将位置设置为下沉,设置字体为宋体、下沉行数为1,距正文0厘米。

②单击"开始"选项卡中的"段落"对话框按钮,打开"段落"对话框。设置段落对齐方式为左对齐,方向为从左到右。

③设置段落缩进文本之前0字符,文本之后0字符。

④设置间距选项段前0行,段后0行。

⑤设置1.5倍行距,如图3-58所示。

图3-57 "首字下沉"对话框

图3-58 "段落"对话框

5. 文件的保存、输出与打印

（1）文件的保存

单击"文件"→"另存为"命令，打开"另存文件"对话框，在对话框中把文件名改为"李小红－大学生职业生涯规划.docx"，文件类型选择"Microsoft Word 文件（*.docx）"，选择文件保存的路径，单击"保存"按钮，把文档保存在计算机磁盘上，如图 3-59 所示。

图 3-59 "另存文件"对话框

（2）文件的输出

将该文档的前言这一页输出为 PDF 文档，文件名字设置为"前言.pdf"。

① 在"文件"菜单中选择"输出为 PDF"命令，打开"输出为 PDF"对话框。

② 在"输出为 PDF"对话框中，在"输出范围"列中设置输出为 PDF 的页面范围为 3-3，如图 3-60 所示。

图 3-60 "输出为 PDF"对话框

③ 单击"开始输出"按钮。

（3）文件的打印

对文档"李小红－大学生职业生涯规划.docx"的前言这一页进行打印预览。

单击快速访问工具栏中的"打印"按钮或选择"文件"→"打印"命令，弹出"打印"对话框，完成设置后，单击"确定"按钮进行打印。

也可以选择"文件"→"打印"→"打印预览"命令，文档窗口切换为打印预览界面，可预览打印效果。根据需要在打印预览界面中设置打印选项，完成后，单击"直接打印"即可。

任务3　表格编辑——编制"大学生职业生涯规划"文档中的表格

在文档中插入表格，能够让数据更加整齐、美观、规范，可阅读性更强。

需求分析

在职业生涯规划文档中，有一些反映个人职业能力等的指标，如果把这些指标设计在表格中，会显得更加整齐、规范，对比起来会更加规范，汇总计算等也更加方便。本项目需要实现在项目2中新建的"姓名_职业生涯规划.docx"文档中插入表格，利用WPS中常见的表格操作实现表格的插入，设置表格中的行和列，在单元格中输入"人际适应"等5个方面的职业能力因素对应的文字和数据，设置并美化表格，并对表格中的数据进行计算。

方案设计

针对任务2新建的"李小红－大学生职业生涯规划.docx"文档，插入表格，利用WPS中常见的表格操作实现"个人职业能力分析表"的插入，根据需要插入指定的行数和列数，在单元格中输入相应的文字和数据，并根据单元中的内容调整表格中的行高和列宽，设置并美化表格，设置字体，调整文字对齐方向，合并单元格，并对表格中的自我评分数据进行求平均值计算。初步制作完成的文档如图3-61所示。

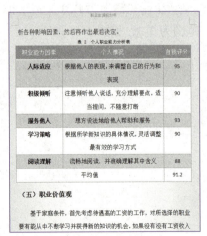

图3-61　设计表格

相关知识

1. 插入和绘制表格框架

在"插入"选项卡中单击"表格"下拉按钮，打开插入和绘制表格的下拉菜单，如图 3-62 所示。

图 3-62 "表格"下拉菜单

（1）快速插入表格

在"表格"下拉菜单的虚拟表格中移动鼠标指针，可选择插入的表格行列数。确定行列数后单击，在文档插入点位置插入表格，如图 3-63 所示。

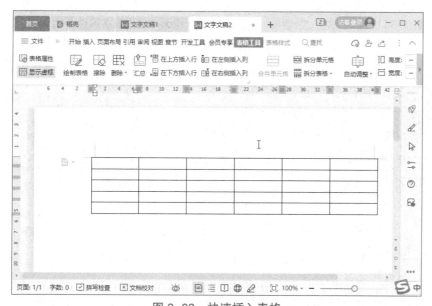

图 3-63 快速插入表格

视频

插入并编辑表格

（2）用对话框插入表格

在表格下拉菜单中选择"插入表格"命令，打开"插入表格"对话框，如图3-64所示。在"列数"数值文本框中输入表格列数，在"行数"数值文本框中输入表格行数，在"列宽选择"选项组中根据需要设置固定列宽或自动列宽。单击"确定"按钮插入表格。

（3）绘制表格

在表格下拉菜单中选择"绘制表格"命令，然后在文档中按住鼠标左键拖动绘制表格。绘制的表格默认的文字环绕格式为"环绕"，可放在页面任意位置。如果要取消文字环绕，可选中表格后单击"表格属性"按钮，也可右击表格，在弹出的快捷菜单中选择"表格属性"命令，打开"表格属性"对话框，如图3-65所示，在其中将文字环绕设置为"无"即可。

图3-64 "插入表格"对话框

图3-65 "表格属性"对话框

（4）文本转换为表格

选中要转换的文字内容，然后在"表格"下拉菜单中选择"文本转换成表格"命令，打开"将文字转换成表格"对话框，在"列数"数值文本框中输入转换后的表格列数，在"文字分隔位置"选项组中选择分隔符，每个分隔符分隔的文字作为表格的一个单元格内容，最后，单击"确定"按钮插入表格，如图3-66所示。

图3-66 "将文字转换成表格"对话框

2. 编辑表格

（1）表格选择操作

可以使用以下方法执行各种表格选择操作：

① 选择整个表格：先单击表格，再单击表格左上角出现的表格选择图标 ⊞。

② 选择单个单元格：单元格无内容时，双击单元格；单元格有内容时，连续 3 次单击单元格，或将鼠标指针移动到单元格左侧，待鼠标指针变为黑色箭头时单击。

③ 选择连续单元格：单击第一个单元格，按住【Shift】键，再按【↑】【↓】【←】【→】方向键；或者单击第一个单元格，按住鼠标左键拖动。

④ 选择分散单元格：按住【Ctrl】键，再使用选择单个单元格或选择连续单元格的方法选择其他单元格。

⑤ 选择单列：将鼠标指针移动到列顶部边沿，待鼠标指针变为黑色箭头时单击。

⑥ 选择连续列：将鼠指针标移动到列顶部边沿，待鼠标指针变为黑色箭头时按住鼠标左键拖动；或者在选中第一列后，按住【Shift】键，再按【←】【→】方向键。

⑦ 选择分散列：按住【Ctrl】键，再使用选择单列或选择连续列的方法选择其他列。

⑧ 选择单行：将鼠标指针移动到行左侧页面空白位置，待鼠标指针变为白色箭头时单击。

⑨ 选择连续行：将鼠标指针移动到左侧页面空白位置，待鼠标指针变为白色箭头时按住鼠标左键拖动；或者在选中第一行后，按住【Shift】键，再按【↑】【↓】方向键。

⑩ 选择分散行：按住【Ctrl】键，再使用选择单行或选择连续行的方法选择其他行。

（2）插入行

在表格中插入行的方法如下：

① 单击单元格，再单击"表格工具"选项卡中的"在上方插入行"按钮或"在下方插入行"按钮插入新行。

② 选中一行，右击该行，在弹出的快捷菜单中单击"插入"下拉按钮，然后在下拉菜单中选择"在上方插入行"或"在下方插入行"命令插入新行。

③ 将鼠标指针指向行分隔线的左端，单击出现的"+"按钮插入新行。

（3）插入列

在表格中插入列的方法如下：

① 单击单元格，再单击"表格工具"选项卡中的"在左侧插入列"按钮或"在右侧插入列"按钮插入新列。

② 右击单元格，在弹出的快捷菜单中单击"插入"命令，然后在下拉菜单中选择"在左侧插入列"或"在右侧插入列"命令插入新列。

③将鼠标指针指向列分隔线的顶端，单击出现的"+"按钮插入新列。

（4）删除表格

单击表格任意位置，再单击"表格工具"选项卡中的"删除"下拉按钮，打开删除下拉菜单，在其中选择"表格"命令，可删除插入点所在的表格。也可以在选中整个表格后右击表格，打开快捷菜单，在其中选择"删除表格"命令，删除表格。还可以选中整个表格后，再单击"表格工具"选项卡中的"删除"下拉按钮，选择"单元格""行""列""表格"任何一个均可以删除表格。

（5）删除列

在表格中删除列的方法如下：

①选中单元格或列后，单击"表格工具"选项卡中的"删除"下拉按钮，打开删除下拉菜单，在下拉菜单中选择"列"命令，删除选中单元格所在的列或选中列。

②右击单元格，在弹出的快捷菜单中选择"删除单元格"命令，在弹出对话框中选择"删除整列"，删除单元格所在的列。

③选中整列后右击，在弹出的快捷菜单中，选择"删除列"命令，删除选中范围所在的列。

④将鼠标指针指向列分隔线的顶端，单击出现的"-"按钮删除分隔线左侧的列。

（6）删除行

在表格中删除行的方法如下：

①选中单元格或行后，单击"表格工具"选项卡中的"删除"下拉按钮，打开删除下拉菜单，在下拉菜单中选择"行"命令，删除选中单元格所在的行或选中行。

②右击单元格，在弹出的快捷菜单中选择"删除单元格"命令，在弹出的对话框中选择"删除整行"命令，删除单元格所在的行。

③选中整行后右击，在弹出的快捷菜单中选择"删除行"命令，删除选中范围所在的行。

④将鼠标指针指向行分隔线的左端，单击出现的"-"按钮删除分隔线上方的行。

（7）删除单元格

在表格中删除单元格的方法如下：

①选中单元格后，单击"表格工具"选项卡中的"删除"下拉按钮，打开删除下拉菜单，在下拉菜单中选择"单元格"命令，打开"删除单元格"对话框，如图3-67所示。在对话框中可选择删除单

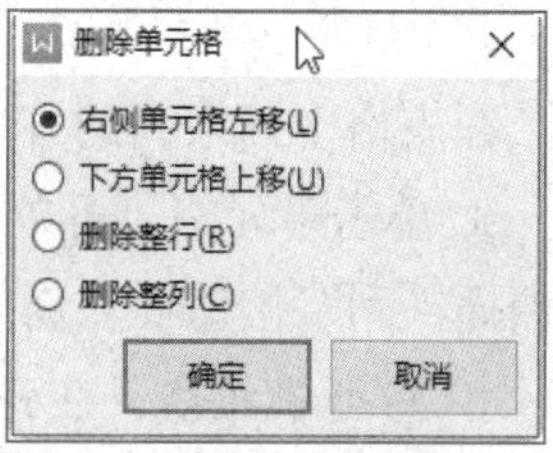

图3-67 "删除单元格"对话框

元格的方式——右侧单元格左移、下方单元格上移、删除整行或删除整列。

②选中单元格后右击，在弹出的快捷菜单中选择"删除单元格"命令，打开"删除单元格"对话框，在对话框中选择删除方式。

③选中单元格后，用鼠标右击所选单元格，在浮动工具栏中单击"删除"下拉按钮，打开删除下拉菜单，在下拉菜单中选择"删除单元格"命令，打开"删除单元格"对话框，在对话框中选择删除方式。

（8）合并单元格

单击"表格工具"选项卡中的"合并单元格"按钮，或在快捷菜单中选择"合并单元格"命令，可合并选中的单元格。单元格合并后，原来每个单元格中的数据在新单元格中各占一个段落。

（9）拆分单元格

选中单元格后，单击"表格工具"选项卡中的"拆分单元格"按钮，或在快捷菜单中选择"拆分单元格"命令，打开"拆分单元格"对话框，如图3-68所示。在对话框中可设置拆分后的行、列数。选中多个连续的单元格后，勾选"拆分前合并单元格"复选框，则拆分后原来的单元格仍然相邻，会在其后添加单元格，否则将在原来的单元格之间插入单元格。如果拆分后的行、列数比原来的少，则会删除多出的单元格。

图3-68 "拆分单元格"对话框

（10）调整行高

调整表格行高的方法如下：

①将鼠标指针指向行分隔线，待指针变为⇕形状时，按住鼠标左键上、下拖动鼠标调整行高。

②选中要调整的所有行或整个表格单击"表格工具"选项卡中的"自动调整"下拉按钮，打开自动调整下拉菜单，在菜单中选择"平均分布各行"命令，WPS会自动调整行高，使选中的行或表格中所有行高度相同。

③单击要调整行内的任意单元格，再单击"表格工具"选项卡中的"高度"文本框，输入行高，或者单击文本框两侧的"-"或"+"按钮调整行高。

（11）调整列宽

调整表格列宽的方法如下：

① 将鼠标指针指向列分隔线，待指针变为 ⇔ 形状时，按住鼠标左键左、右拖动鼠标调整列宽。

② 选中要调整的所有列或整个表格单击"表格工具"选项卡中的"自动调整"下拉按钮，打开自动调整下拉菜单，在菜单中选择"平均分布各列"命令，自动调整列宽，使选中的列或表格中所有列宽度相同。

③ 单击要调整列内的任意单元格，再单击"表格工具"选项卡中的"宽度"文本框，输入列宽，或者单击文本框两侧的"-"或"+"按钮调整列宽。

（12）通过绘制方法添加单元格

单击"表格工具"选项卡中的"绘制表格"按钮，待鼠标指针变为铅笔形状，将鼠标指针移动到表格中，按住鼠标左键，水平或垂直拖动，添加单元格。

3. 设置与美化表格

在表格中，可以通过设置文字的对齐方式与方向使表格看起来更整齐、规范，还可以通过设置表格预设样式来美化表格，使表格更加优美、可阅读性更强。

（1）设置文字对齐方式与方向

单击某单元格或者选中单元格后，单击"表格工具"选项卡下的"对齐方式"下拉按钮，可以设置单元格中文字的对齐方式，下拉菜单中的文字对齐方式一共有九种，如图 3-69 所示，或者右击单元格，在弹出的快捷菜单中选择"单元格对齐方式"命令，在其中选择某种对齐方式，设置单元格中文字的对齐方式。

还可以单击"表格工具"选项卡下的"文字方向"下拉按钮，设置单元格中文字的方向。下拉菜单中文字方向有六个选项，如图 3-70 所示，选择"文字方向选项"，打开"文字方向"对话框，如图 3-71 所示；也可以右击单元格，在弹出的快捷菜单中选择"文字方向"命令，打开"文字方向"对话框，如图 3-71 所示，可以在该对话框中设置文字方向。

视频
设置与美化表格

图 3-69 "对齐方式"下拉菜单

图 3-70 "文字方向"下拉菜单

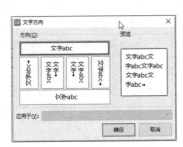

图 3-71 "文字方向"对话框

（2）设置表格预设样式

WPS 预设了多种表格样式，用于美化表格。为表格设置预设样式的操作步骤如下：

① 单击要设置样式的表格。

② 在"表格样式"选项卡中，勾选"首行填充""隔行填充""首列填充""末行填充""隔列填充""末列填充"等样式选项。

③ 将鼠标指针指向"表格样式"选项卡的表格样式列表中的样式，预览样式效果。

④ 单击表格样式列表中的样式将其应用到表格。

图 3-72 所示为应用预设样式的表格。

日期	天气	温度（℃）
星期一	晴	31
星期二	晴转多云	28
星期三	多云	26
星期四	小雨	20
星期五	阴天	23
星期六	多云转晴	26
星期日	晴	30

图 3-72 应用预设样式的表格

4．对表格中的数据排序

对表格数据进行排序的操作步骤如下：

① 单击要排序的表格。

② 在"表格工具"选项卡中单击"排序"按钮，打开"排序"对话框，如图 3-73 所示。

③ 如果表格第一行是标题，则选择"有标题行"单选按钮，否则选择"无标题行"单选按钮。

④ 设置用于排序的各个关键字字段及排序类型——升序或降序等。

⑤ 设置完成后，单击"确定"按钮完成排序。

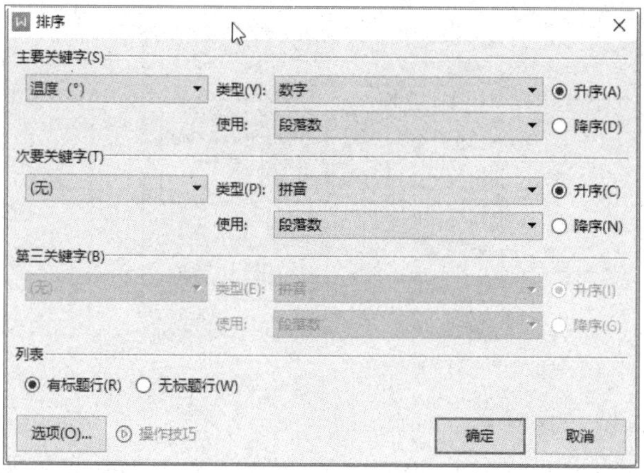

图 3-73 "排序"对话框

5. 计算表格中的数据

（1）使用快速计算工具

在表格中选中一行中用于计算的连续单元格，单击"表格工具"选项卡中的"快速计算"下拉按钮，打开快速计算下拉菜单，在其中可选择求和、平均值、最大值或最小值命令。执行计算命令后，计算结果将显示在选中单元格右侧的空白单元格中，如果右侧无空白单元格，则 WPS 会插入一个空列，在对应单元格中显示计算结果。如果选中一列中的相邻单元格执行计算，则计算结果显示在所选单元格下方的空白单元格中，如果没有空白单元格，则 WPS 会插入一个空行，并在对应单元格中显示结果。

（2）用公式执行计算

单击要插入公式的单元格，然后单击"表格工具"选项卡中的"fx 公式"按钮，打开"公式"对话框，如图 3-74 所示。

图 3-74 "公式"对话框

在"公式"文本框中输入公式，公式以符号"="开始。在"数字格式"下拉列表框中可选择计算结果的数字格式，在"粘贴函数"下拉列表框中可选择预设函数插入"公式"文本框,在"表格范围"下拉列表框中可选择"ABOVE"(计算公式上方的所有单元格)、"LEFT"(计算公式左侧的所有单元格)、"RIGHT"(计算公式右侧的所有单元格)或"BELOW"(计算公式下方的所有单元格)等范围,除了这些范围,还可以用单元格地址表示范围。

在公式中输入单元格地址范围时,列用大写英文字母表示,从 A 开始;行用数字表示,从 1 开始。例如,"A2:B2"表示第 2 行中的第 1 列到第 2 列,公式"=SUM(A2:B2)"表示对这 2 个单元格进行求和。

任务实现

1. 插入表格

(1)插入一个 7 行 3 列的表格

首先把插入点定位到要插入表格的位置,单击"插入"选项卡下的"表格"下拉按钮,在表格下拉菜单的虚拟表格中移动鼠标指针,选择 7 行 3 列的表格,单击,在文档插入点位置插入表格。

(2)把最后一行的前两个单元格合并为一个

按住左键拖动鼠标选中最后一行的前两个单元格,单击"表格工具"选项卡的"合并单元格"命令,把这两个单元格合并为一个。

2. 设置与美化表格

如图 3-62 所示,设置与美化表格的任务如下:

(1)设置表格

在表格的单元格中输入相应内容,并设置单元格的如下格式:

① 设置单元格的对齐方式为"靠上居中对齐":单击表格左上角的 ⊕ 按钮,选中整个表格,单击"表格工具"选项卡下的"对齐方式"下拉按钮,设置单元格的对齐方式为"靠上居中对齐"。

② 设置第一列中间 5 行的文本字体为加粗:按下鼠标左键不松,拖动选中表格第一列的中间 5 行,单击"开始"选项卡下的加粗按钮 **B**,设置选中文本为加粗。

(2)美化表格

在表格样式中设置如下格式:

① 表格首行填充、隔行填充:选中整个表格后,单击"表格样式"选项卡,选中首行填充、隔行填充。

② 使用表格预设样式把表格主题设置为"主题样式 1- 强调 5":选中整个表格后,单击"表格样式"选项卡,在预设样式下拉列表框中选择"主题样式 1- 强调 5"。

3. 计算表格中的数据

本任务要求在表格的右下角最后一个单元格中插入公式，自动计算最后一列数据的平均值：单击表格的右下角最后一个单元格，然后单击"表格工具"选项卡中的"*fx* 公式"按钮，打开"公式"对话框，如图 3-75 所示，在粘贴函数下拉列表框中选择"AVERAGE"函数，在表格范围中选择"ABOVE"，单击"确定"按钮即可插入公式，计算出平均值。

图 3-75 "公式"对话框

任务4　插入对象——设计"大学生职业生涯规划"个人简介

需求分析

在职业生涯规划文档中，需要有个人简介信息，如果把这些信息设计在表格中，会显得更加有条理、信息一目了然。本项目需要实现在项目 3 中新建的"姓名_职业生涯规划.docx"文档中插入个人简介表格，利用 WPS 中常见的表格操作实现表格的编辑，并利用插入对象的常见方式，在表格中插入需要的信息。

方案设计

在任务 3 新建的"李小红-大学生职业生涯规划.docx"文档，插入表格，利用 WPS 中常见的表格操作实现"个人简介"的插入，根据需要插入指定的行数和列数，在单元格中输入姓名、性别、院系、专业等信息，利用插入日期的方式插入生日，利用插入文本框的方式插入学校名称并设置艺术字和形状填充，利用插入图片的方式插入头像并设置文字环绕方式，最后根据单元格中的内容调整表格中的行高和列宽，设置并美化表格，设置字体，调整文字对齐方向，合并单元格，初步制作完成的文档如图 3-76 所示。

图 3-76　个人简介表格

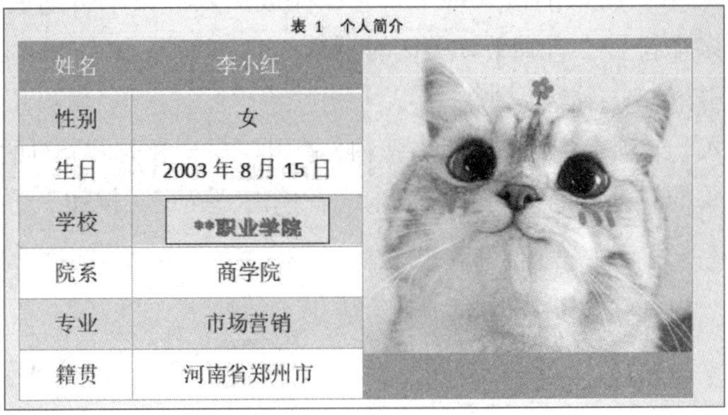

相关知识

1. 插入特殊符号

特殊符号是指不能直接使用键盘输入的符号。在文档中，想要插入特殊符号时，需要在"插入"选项卡中单击"符号"下拉按钮，打开符号下拉菜单，如图 3-77 所示。在符号下拉菜单中单击需要的符号，可将其插入文档。

图 3-77　"符号"下拉菜单

在"插入"选项卡中单击"符号"按钮Ω，可打开"符号"对话框，如图 3-78 所示。在对话框中双击需要的符号，或者在选中符号后，单击"插入"按钮，可将符号插入文档。

视频

插入对象

符号下拉菜单一次只能插入一个符号，完成插入后菜单自动关闭。"符号"对话框可插入多个符号，直到手动关闭对话框。

2. 插入日期

单击"插入"选项卡中的"日期"按钮，打开"日期和时间"对话框，如图3-79所示，选择需要的日期和时间格式后双击或者单击"确定"按钮，可以将日期和时间插入到文档中。

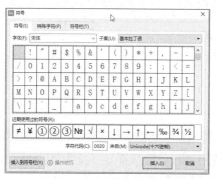

图3-78 "符号"对话框

图3-79 "日期和时间"对话框

3. 插入文本框

文本框用于在页面任意位置输入文字，也可在文本框中插入图片、公式等其他对象。在"插入"选项卡中单击"绘制横向文本框"按钮，再在页面中按住鼠标左键拖动，绘制出横向文本框。横向文本框中的文字内容默认横向排列。

要使用其他类型的文本框，可在"插入"选项卡中单击"文本框"下拉按钮，打开文本框下拉菜单，如图3-80所示。从下拉菜单中可选择插入横向、竖排、多行文字或稻壳文本框等。

图3-80 文本框下拉菜单

4. 插入图片

（1）插入图片的方法

在"插入"选项卡中单击"图片"下拉按钮，打开插入图片下拉菜单，如图 3-81 所示。

在插入图片下拉菜单中可选择直接插入稻壳图片，或者单击"本地图片"按钮插入 WPS 云、共享文件夹或本地计算机中的图片，或者单击"扫描仪"按钮从扫描仪获取图片，或者单击"手机传图"按钮从手机获取图片。

也可在"插入"选项卡中直接单击"插入图片"按钮，打开"插入图片"对话框，在对话框中可以选择 WPS 云、共享文件夹或本地计算机中的图片。

（2）编辑裁剪图片

单击图片，WPS 会自动显示"图片工具"选项卡和浮动功能按钮，如图 3-82 所示。

图 3-81　插入图片下拉菜单　　　　图 3-82　"图片工具"选项卡

在"图片工具"选项卡或浮动功能按钮中单击"裁剪"按钮，图片的 4 个角和 4 条边中部会出现裁剪图标，裁剪工具面板也会自动打开，如图 3-83 所示。

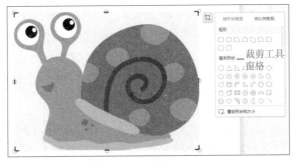

图 3-83　裁剪工具窗格

拖动图片四周的裁剪图标，调整图片边沿进行裁剪。或者，在裁剪工具面板中选择形状，按形状裁剪，也可选择按比例裁剪。调整图片为预计裁剪结果后，单击图片外的任意位置，即可完成裁剪。

（3）设置图片布局选项

文档中的图片和文字有多种布局关系，在"图片工具"选项卡中单击"环绕"按钮或在图片快捷工具栏中单击"布局选项"按钮，打开图片布局选项菜单，如图3-84所示。可从菜单中选择命令将布局设置为嵌入型、四周型环绕、紧密型环绕、衬于文字下方、浮于文字上方、上下型环绕或穿越型环绕等。

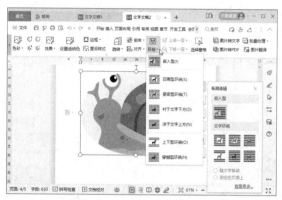

图3-84 图片布局选项菜单

5. 插入图形

（1）插入图形的方法

图形包括形状、流程图等，操作方法相似，这里以流程图为例来介绍插入图形的方法。

在"插入"选项卡中单击"流程图"下拉按钮，单击"新建空白图"命令进入新建流程图的编辑页面，如图3-85所示。

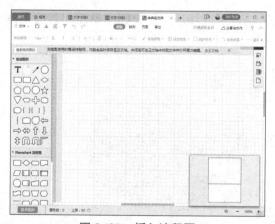

图3-85 插入流程图

（2）编辑流程图

在页面上拖入左侧流程图组成部件，如开始/结束、判定、流程等，在相应框内输入文字，绘制连接线，从而完成流程图的编辑，如图3-86所示。

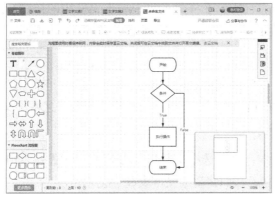

图3-86　新建和编辑流程图

流程图的修改内容会实时保存至云文档，关闭后可在云文档中找到文件并再次打开，也可以在文档中插入已经编辑好的流程图，具体操作为，在"插入"选项卡中单击"流程图"下拉按钮，单击"插入已有流程图"命令，选择刚才编辑并保存好的流程图云文件，插入即可。

（3）美化流程图

在流程图编辑页面，选中部分或者整个流程图，可以设置字体格式、对齐、填充、线条的颜色、线条的宽度、线条的样式，连接线的类型、起点和终点，还可以使用风格、美化等对流程图进行一键美化，美化完成后，插入到文档中的效果如图3-87所示。

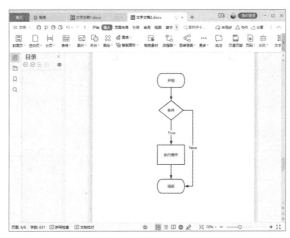

图3-87　在文档中插入流程图

6. 插入艺术字

（1）插入艺术字的方法

艺术字是具有特殊效果的文字。在"插入"选项卡中单击"艺术字"下拉按钮，打开艺术字样式列表，然后在样式列表中单击要使用的样式。此时，文档中会插入一个文本框，在文本框中输入文字即可插入艺术字。

（2）编辑艺术字

录入文本后，可以对文本进行删除、增加、修改等操作，同时，可以设置文本的字体、字号、加粗、倾斜、下画线等属性，实现对艺术字文本的编辑。

（3）美化艺术字

对于普通的文本，可在选中文字后，在艺术字样式列表中选择样式，将选中的文字转换为艺术字，从而将普通文本美化为艺术字。

对于已经设置为艺术字的文本，可使用"文本工具"选项卡中的工具进一步设置艺术字的各种属性。图3-88所示为插入的艺术字示例及"文本工具"选项卡。

图3-88　艺术字示例及"文本工具"选项卡

任务实现

插入表格后，设置单元格靠上居中对齐，在单元格中录入相应的文字信息后，采用预设样式等美化表格，然后实现以下任务：

（1）利用插入日期功能插入生日信息

单击生日信息对应的单元格，单击"插入"选项卡中的日期按钮，插入日期"2003年8月15日"。

（2）利用插入文本框功能插入学校信息

在"插入"选项卡中单击"绘制横向文本框"按钮，再在页面中按住鼠标左键拖动，绘制出横向文本框，在文本框中输入"**职业学院"。

（3）对插入的学校信息文本框进行设置

① 设置框的文字环绕为"浮于文字上方"，随文字移动：选中文本框，展开"绘图工具"选项卡中的"环绕"下拉菜单，选择"浮于文字上方"。

② 设置学校名称为艺术字：选中文本框中的文字，单击"文本工具"选项卡中的预设艺术字下拉按钮，在打开的预设艺术字中，选择"填充 - 白色，轮廓 - 着色2，清晰阴影 - 着色2"。

③ 为文本框中的设置形状填充：选中文本框，单击"文本工具"选项卡中的形状填充下拉按钮，在打开的下拉菜单中，选择"矢车菊蓝，着色5，浅色80%"。

（4）利用插入图片功能插入个人头像

在"插入"选项卡中单击"图片"下拉按钮，打开插入图片下拉菜单，在下拉菜单中单击"本地图片"按钮插入本地计算机中的头像图片。

（5）设置个人头像

① 设置图片的文字环绕为"紧密型环绕"：在"图片工具"选项卡中单击"环绕"按钮，打开图片布局选项菜单，从菜单中选择图片的文字环绕为"紧密型环绕"。

② 调整图片大小至基本填充整个表格的所有行：选中图片，先用鼠标移动图片使得图片的左上角与单元格左上角重合，再拖动图片右下角缩放按钮，调整图片右下角至单元格右下角的位置。

任务5 长文档管理——"大学生职业生涯规划"文档排版

需求分析

对于内容比较多的长文档,有效管理和排版文档,才能使得内容组织得更加有条理、更加清洗,可读性更强。本章,对"李小红－大学生职业生涯规划"文档进行长文档排版的常见处理,包括使用项目符号和编号,使用标题样式与多级编号,添加题注与创建交叉引用,添加、接受与拒绝修订,使用大纲视图,插入分隔符与设置页眉页脚,设置封面和创建目录,保护文档等多个方面。

方案设计

针对"李小红－大学生职业生涯规划"文档,使用设置封面和目录、插入分节符、设置页眉页脚、插入页码、插入表格、设置字体和段落等多种方法,整理和美化该长文档。使用插入图片的方式设置封面,如图3-89所示,使用"引用"菜单中的插入智能目录插入的目录页,如图3-90所示,使用字体与段落设置的方法设计的前言页,如图3-91所示,使用插入对象的方法设计的个人简介页,如图3-92所示。

图3-89 封面页

学习笔记

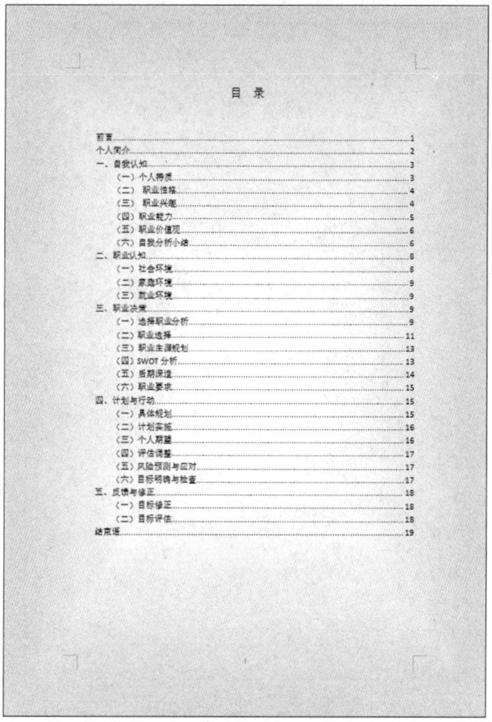

目 录

图 3-90　目录页

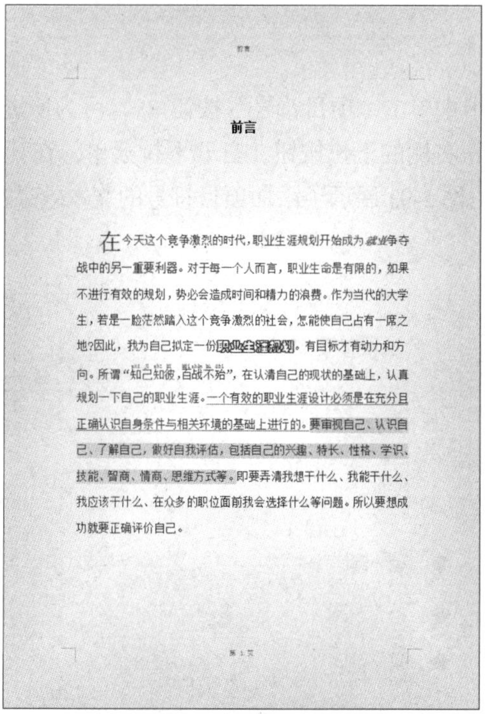

前言

前言

在今天这个竞争激烈的时代，职业生涯规划开始成为*就业*争夺战中的另一重要利器。对于每一个人而言，职业生命是有限的，如果不进行有效的规划，势必会造成时间和精力的浪费。作为当代的大学生，若是一脸茫然踏入这个竞争激烈的社会，怎能使自己占有一席之地?因此，我为自己拟定一份职业生涯规划。有目标才有动力和方向。所谓“知己知彼，百战不殆”，在认清自己的现状的基础上，认真规划一下自己的职业生涯。一个有效的职业生涯设计必须是在充分且正确认识自身条件与相关环境的基础上进行的。要审视自己、认识自己、了解自己，做好自我评估，包括自己的兴趣、特长、性格、学识、技能、智商、情商、思维方式等。即要弄清我想干什么、我能干什么、我应该干什么、在众多的职位面前我会选择什么等问题。所以要想成功就要正确评价自己。

第 1 页

图 3-91　前言页

图 3-92　个人简介页

相关知识

1. 设置项目符号

在"开始"选项卡中单击"项目符号"按钮，可为所选段落添加项目符号。单击"项目符号"按钮右侧的下拉按钮，打开下拉菜单，在其中可选择项目符号类型或者取消项目符号。图 3-93 展示了添加项目符号的文本效果及项目符号下拉菜单。

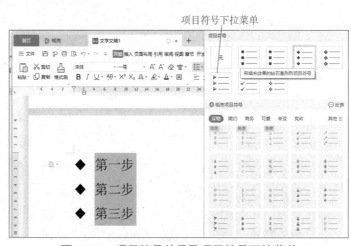

图 3-93　项目符号效果及项目符号下拉菜单

2. 设置编号

在"开始"选项卡中单击"编号"按钮 ≡，可为所选段落添加编号。单击"编号"按钮右侧的下拉按钮，打开下拉菜单，在其中可选择编号类型或者取消编号。图 3-94 展示了添加编号的文本效果及编号下拉菜单。

图 3-94　编号效果及编号下拉菜单

3. 设置多级编号与标题样式

在编号下拉菜单中，可选择为段落设置多级编号。图 3-95 展示了多级编号效果。设置了多级编号后，段落默认按第一级的先后顺序编号。在第一级编号段落末尾按【Enter】键添加新段落时，新段落按顺序使用第一级编号。此时，按【Tab】键或者单击"开始"选项卡中的"增加缩进量"按钮，可令新段落编号增加一级；按【Shift+Tab】组合键或者单击"开始"选项卡中的"减少缩进量"按钮，可令新段落的编号减少一级。也可在编号下拉菜单中选择"更改编号级别"子菜单中的其他级别编号。

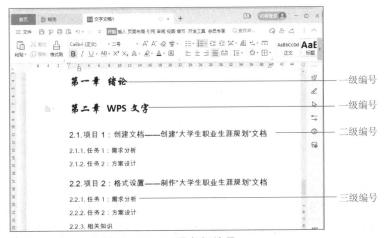

图 3-95　设置多级编号

单击"开始"选项卡下的预设标题样式,可以为标题设置样式,如图3-96所示。

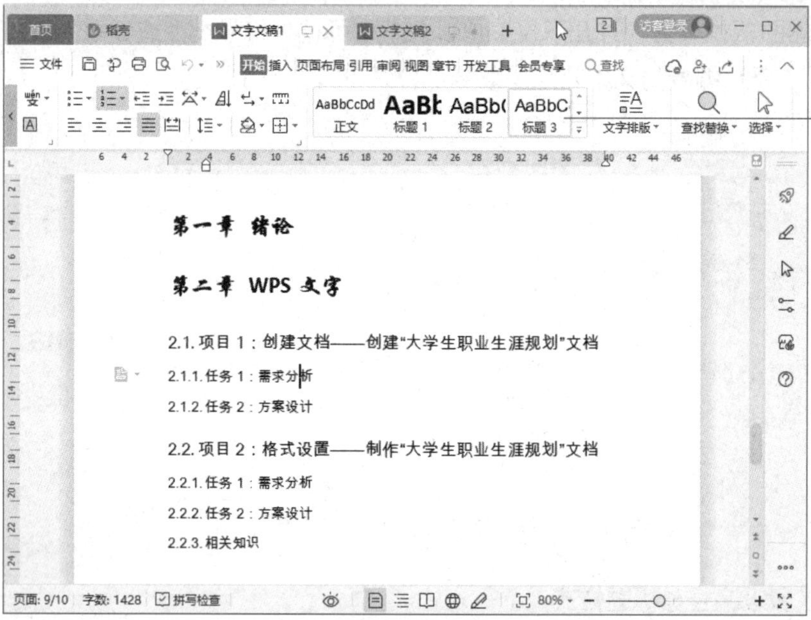

图3-96 "预设标题样式"

单击"预设样式"下拉按钮,打开"预设样式"下拉菜单,如图3-97所示,根据需要选择不同的预设样式,也可以自行新建样式或应用在线样式。

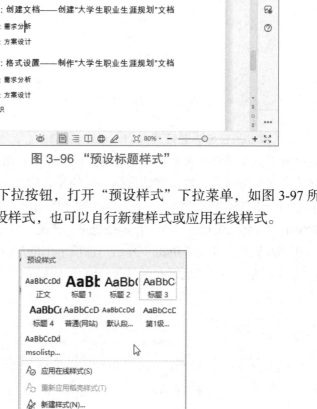

图3-97 "预设样式"下拉菜单

4. 添加题注

使用题注功能,可以为文档中引用的图片、表格等内容编号并添加注释,而且当遇到需要插入新题注的时候可以快速更新题注编号。以为图片添加题注为例,选中图片,单击"引用"选项卡的"题注"按钮,打开"题注"对话框,如图3-98所示,在标签中选择"表、图、图标、公式"等类型,在位置中选择题注的位置,可以选择"所选项目上方"或者"所选项目下方",单击"编号"按钮,打开"题注编号"对话框,如图 3-99 所示,可以在其中选择包含章节编号和分隔符,具体选项可按照图 3-98 和图 3-99 进行设置,插入效果如图 3-100 所示。

图 3-98 "题注"对话框

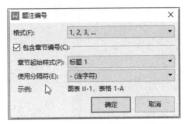

图 3-99 "题注编号"对话框

图 3-100 添加题注效果

5. 创建交叉引用

使用交叉引用可以引用编号、图表、标题等内容,可更新,实现快速地在文档中进行跳转。单击"引用"菜单栏中的"交叉引用"按钮,打开"交叉引用"对话框,如图 3-101 所示,引用创建好的题注,将其插入为超链接,这样在插入的超链接文字上按住【Ctrl】键并单击,就可以跳转到相应的图片题注位置。鼠标指针指向交叉引用的文字,弹出的提示如图 3-102 所示。

图 3-101 "交叉引用"对话框

图 3-102 图片题注"交叉引用"

6. 添加与删除批注

选中需要添加批注的内容,单击"审阅"选项卡中"插入批注"按钮插入批注,如图 3-103 所示。在插入批注后,可单击批注右上角的"编辑批注"下拉按钮,弹出图 3-103 所示的"答复""解决""删除"按钮,单击相应按钮,分别实现对该条批注的答复、标注为已解决、删除等功能。删除批注,也可以单击"审阅"选项卡中的"删除"下拉按钮,在下拉菜单中选择"删除批注"或者"删除文档中的所有批注"。

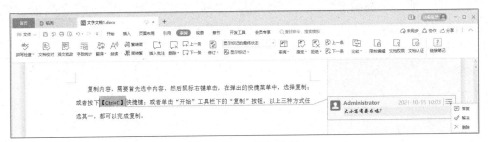

图 3-103　插入批注

7. 修订文档

单击"审阅"选项卡中的"修订"按钮，使文档进入修订状态。在修订状态下，对文档所做的修改都会被WPS标记下来，如图3-104所示，把"或者"改为"还可以"，在文档中就标记了这个修改，在文档的右侧除了标记修改信息外，还有"接受"和"拒绝"按钮，可以用来快速接受或者拒绝这个修改。文档处在修订状态时，再次单击"修订"按钮，使文档退出修订状态。

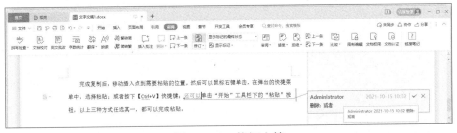

图 3-104　修订文档

选中修订的内容或者把光标移动到修订处，还可以单击"审阅"选项卡中的"接受"下拉按钮，在下拉菜单中，可以选择"接受修订""接受所有的格式修订""接受所有显示的修订""接受对文档所做的所有修订"等来接受修订，同样地，也可以单击"审阅"菜单中的"拒绝"下拉按钮，在下拉菜单中选择"拒绝修订""拒绝所有的格式修订""拒绝所有显示的修订""拒绝对文档所做的所有修订"等来拒绝修订。单击"审阅"选项卡中的"上一条"按钮，切换到上一条修订，单击"下一条"按钮，切换到下一条修订。

8. 插入分隔符与设置页眉页脚

在长文档中，不同的部分往往需要使用不同的页眉页脚，为了从前言开始设置新格式的页码，需要在设置前言页眉页脚时，取消"同前节"。在前一部分的末尾处，单击"插入"选项卡中的"分页"下拉按钮，在下拉菜单中选择"下一页分节符"，插入"下一页分节符"，如图 3-105 所示。

图 3-105　插入"下一页分节符"

单击"插入"选项卡中的"页眉页脚"按钮,进入页眉页脚的编辑界面,设置当前节的页眉为"前言",页脚为页码,如图3-106所示。

图3-106 插入"页码"

设置好页眉页脚的页面如图3-107和图3-108所示。

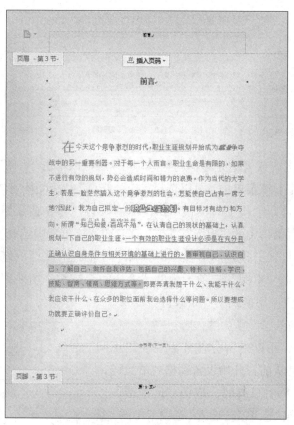

图3-107 前言页

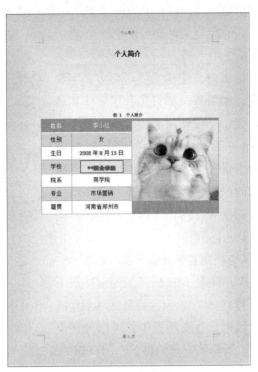

图 3-108　个人简介

9. 模板的创建和使用

创建 WPS 本地模板的方法是，打开想要作为模板的文档，然后选择"文件"菜单中的"另存为"命令，把文件另存为 WPS 文字模板（*.wpt）或者 Word 模板（*.dot 或者 *.dotx），如图 3-109 所示。

图 3-109　WPS 文字模板的创建

WPS 文字模板的使用，在 WPS 中选择"文件"菜单中的"打开"命令，打开 .wpt、.dot 或 .dotx 格式的模板文件即可使用。

10. 样式的创建和使用

在对长文档进行排版时，往往需要对很多文字和段落设置相同的格式，如果每次都只是利用字体和段落设置的方法重新设置，不仅费时费力、效率低下，而且很容易出现前后不一致的情况。而使用 WPS 样式的功能，不仅可以减少重复性操作，还能快速实现格式的设置，实现文档的快速排版。样式指的是一组已经命名的字符和段落的格式，用户可以将样式快速应用到选中的段落或者文字上。

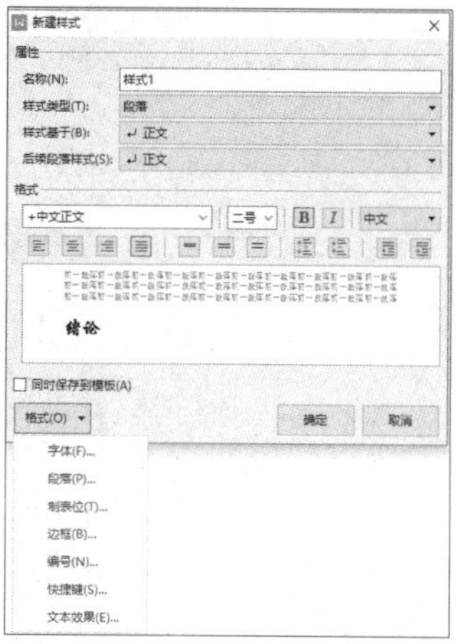

套用样式时，可以使用内置的预设样式，如图 3-97 所示，也可以新建样式，在图 3-97 所示的预设样式下拉菜单中，选择"新建样式"命令，打开图 3-110 所示的"新建样式"对话框，在对话框中，可以分别设置字体、段落、文本效果等多方面的格式，为新建的样式命名后保存，即可使用。

图 3-110 "新建样式"对话框

11. 不同视图的使用

在"视图"工具栏下，有"全屏显示""阅读版式""写作模式""页面""大纲""Web 版式"等多种视图可以切换，如图 3-111 所示。

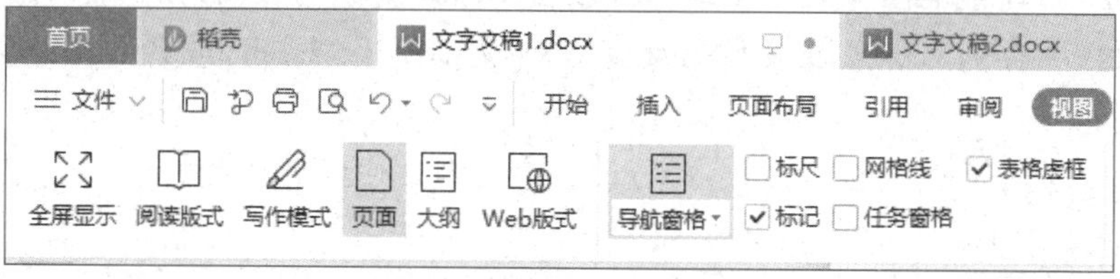

图 3-111 多种视图模式

- "全屏显示"视图，用来全屏查看整个文档，此时，WPS 的功能区和桌面任务栏等都隐藏，以全屏模式显示文档，如图 3-112 所示。按【Esc】键或单击右侧浮动工具栏中的"退出"按钮，可以退出"全屏显示"视图。
- "阅读版式"视图，可以轻松翻阅文档的内容，默认以 2 页或者 3 页显示，在视图的左侧和右侧分别有向前翻页和向后翻页的按钮，在使用"阅读版式"视图时，只能查看文档的内容而不能编辑文档的内容，如图 3-113 所示，按【Esc】键或单击右上角的"退出阅读版式"按钮，可以退出"阅读版式"视图。

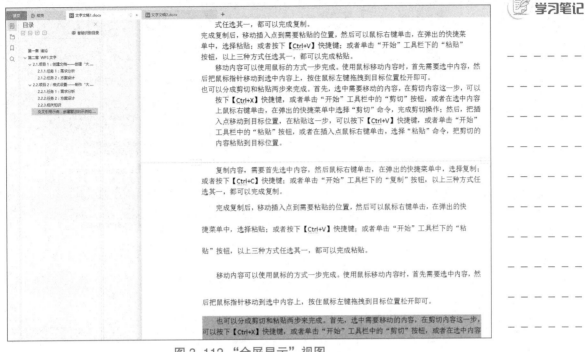

图 3-112 "全屏显示"视图

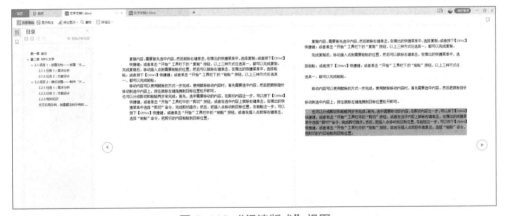

图 3-113 "阅读版式"视图

• "写作模式"视图便于文字写作，可以方便设置按字数计算稿费等，界面中选项卡主要显示文本格式的快捷按钮，如图 3-114 所示，单击选项卡中的"关闭"按钮，退出"写作模式"视图。

• "页面"视图模式是文档的默认视图模式，"页面"视图显示的文档页面与打印时完全相同，也便于对文档进行编辑和排版，如图 3-115 所示。

图 3-114 "写作模式"视图

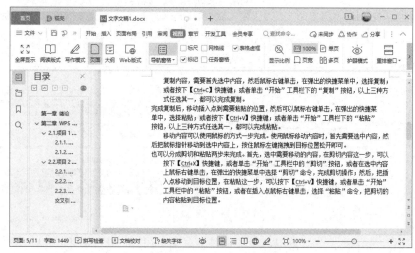

图 3-115 "页面"视图

- "大纲"视图可以以大纲模式查看文档,并可以在此视图中调整文档的结构、修改标题的等级或者设置文字为某一级标题等,也可在"大纲"视图中更新目录、对标题下的内容进行展开或者折叠操作,向上或者向下移动光标所在段落的内容等,如图 3-116 所示。单击选项卡右侧的"关闭"按钮可以退出"大纲"视图。
- "Web 版式"视图可以以网页形式查看文档,也可以在"Web 版式"视图中修改文档,如图 3-117 所示。可以单击"其他"视图按钮,退出"Web 版式"视图,切换到其他视图。

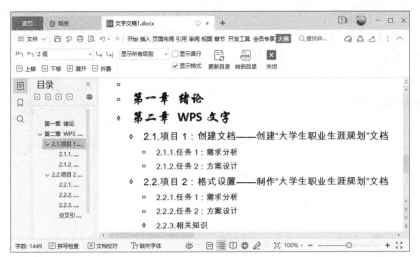

图 3-116 "大纲"视图

图 3-117 "Web 版式"视图

12. 导航窗格的使用

在"视图"选项卡中单击"导航窗格"下拉按钮,在下拉菜单中选择导航窗格的位置,导航窗格的位置可以选择靠左或者靠右,也可以隐藏导航窗格,以靠左为例,导航窗格默认显示目录,如图 3-118 所示。在导航窗格中,可以进行标题导航、书签导航、查找和替换操作。

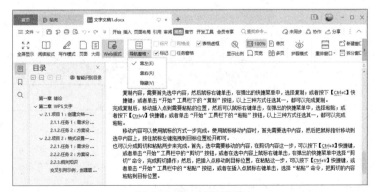

图 3-118 导航窗格

（1）标题导航

在导航窗格显示的目录中，可以单击某个标题，快速导航到标题所在位置，如图 3-119 所示。

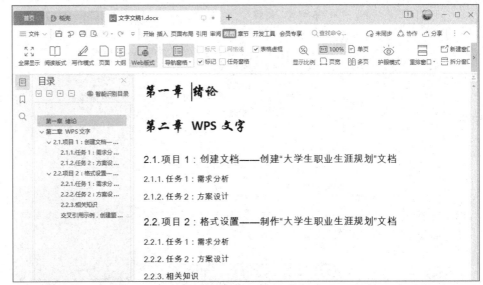

图 3-119　标题导航

（2）书签导航

在导航窗格中，切换到书签导航页，可以显示文档中已经插入好的书签，可以选择按照名称或者位置对书签进行排序，单击某个具体的书签，可以快速定位到书签所在的位置，如图 3-120 所示。

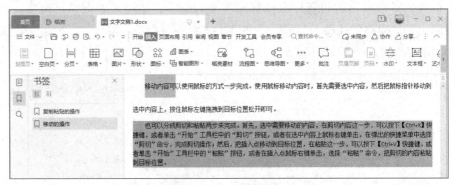

图 3-120　书签导航

（3）查找与替换

使用"视图"选项卡中查找功能的步骤如下：

① 在"视图"选项卡中单击"导航窗格"按钮,打开导航窗格。

② 单击导航窗格中的"查找和替换"按钮,打开"查找和替换"窗格,如图 3-121 所示。

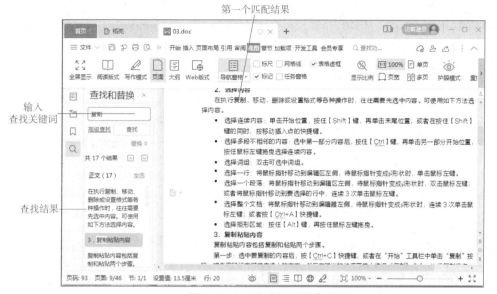

图 3-121 "查找和替换"窗格

③ 在"查找和替换"窗格的"搜索"框中输入查找关键词,如"复制",然后按【Enter】键或单击"查找"按钮,执行查找搜索操作。

④ 查找搜索操作完成后,"查找和替换"窗格下方会显示匹配结果数量和查找结果。在查找结果和文档中,匹配结果用黄色背景标注,并将第一个匹配结果显示到窗口中。在匹配结果中单击包含匹配结果的段落,可使该段落在窗口中显示。

⑤ 单击"查找和替换"窗格中的"上一条"按钮或"下一条"按钮,可按顺序向上或向下在文档中切换匹配的查找结果。

替换功能用于将匹配的查找结果替换为指定内容,使用替换功能的操作步骤如下:

① 在"查找和替换"窗格的"搜索"框中输入关键词执行查找操作。

② 单击"显示替换选项"按钮 替换 ˇ,将显示替换选项,如图 3-122 所示。替换选项显示后,"显示替换选项"按钮 替换 ˇ 将变为"隐藏替换选项"按钮 替换 ˆ,单击它可隐藏替换选项。

图 3-122 替换

③输入替换内容,单击"替换"按钮,按先后顺序替换匹配的查询结果,单击一次将替换一个查找结果;单击"全部替换"按钮,可替换全部匹配的查找结果。

13. 任务窗格的使用

在"视图"选项卡中勾选"任务窗格"复选框,打开任务窗格工具栏,单击工具栏中的"样式"按钮,会打开图3-123所示的"格式和样式"任务窗格。

(1)快速设置样式和格式

将插入点定位到正文的标题处,"样式和格式"任务窗格中就会自动显示该标题对应的样式,也可以选中文字后在任务窗格中为文字快速设置样式和格式,如图3-123所示。

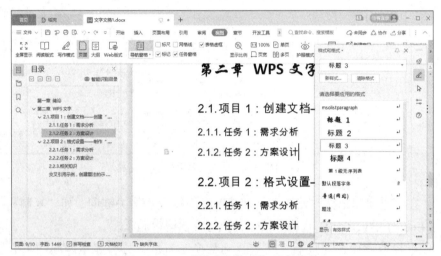

图3-123 "样式和格式"任务窗格

(2)快捷功能

单击任务窗格的快捷功能,切换到快捷选项卡,可以在该页面中选择常用功能中的"输出为PDF""输出为图片""论文查重"等功能,也可以在搜索栏汇总快速查找功能、操作或者其他内容,"快捷"选项卡如图3-124所示。

(3)选择窗格

单击任务窗格的选择窗格选项卡,可以实现快速选择和定位到文档中的图片对象,单击选择窗格中的图片1,则自动定位并选中图片1,如图3-125所示。

图3-124 "快捷"选项卡

图 3-125　选择窗格选项卡

14. 设置封面

设置醒目的封面能让我们的文档更加引人注目。封面可以由用户手动制作，也可以单击"插入"选项卡中的"封面页"按钮，或单击"章节"选项卡中的"封面页"按钮，使用预设的封面，如图 3-126 所示。

使用"预设封面页"功能，可快速生成封面页，并自动分节。

图 3-126　使用预设封面

用户手动制作封面可以单击"插入"选项卡中的本地图片，插入封面图片，并设置图片的环绕方式为"衬于文字下方"，在图片上插入文本框，文本框内设置艺术字"职业生涯规划"，如图 3-127 所示。

图 3-127 封面

15. 创建和编辑目录

文档中设置好标题样式后,单击"引用"选项卡中的目录,插入智能目录,如图 3-128 所示,插入好的目录如图 3-129 所示。文档内容变化后,可以在目录上右击,选择"更新目录"命令对目录进行更新,如图 3-130 所示。

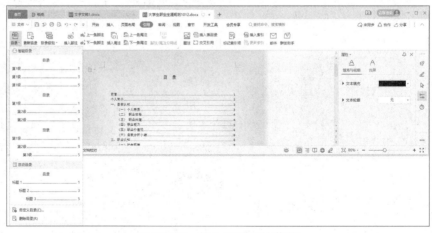

图 3-128 插入目录下拉菜单

单击"引用"选项卡中的"目录"按钮,在下拉菜单中选择"自定义目录"命令,可以自定义设置需要的目录。在下拉菜单中选择"删除目录"命令可以删除已经创建的目录。

项目 3　WPS 文字处理

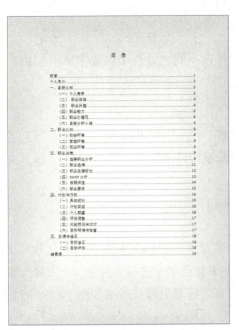

图 3-129　目录

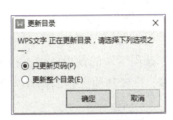

图 3-130　更新目录

任务实现

针对编写的职业生涯规划长文档，需要完成以下设置任务：

1. 创建封面

（1）设置背景图片

单击首页，在"插入"选项卡中单击"图片"下拉按钮，打开插入图片下拉菜单，在下拉菜单中单击"本地图片"按钮插入本地计算机中准备好的背景图片，给封面设置背景图片。

（2）插入并设置标题文本框

① 插入标题文本框：在"插入"选项卡中单击"绘制横向文本框"按钮，再在页面靠上的位置处按住鼠标左键拖动，绘制出横向文本框，在文本框中输入"职业生涯规划"。

② 设置标题文本框的格式：选中"职业生涯规划"文本，在"开始"选项卡中选择字体为"微软雅黑"，设置字号为50，单击加粗B按钮设置加粗格式，鼠标拖动文本框边界调节大小的圆圈按钮，调整文本框的大小至刚好能完全显示文本内容。单击"绘图工具"选项卡中的"对齐"按钮，在下拉菜单中选择"水平居中"命令，可以精准地将文本框水平居中，也可以用鼠标拖动文本框调整文本框的位置到大体水平居中。单击"文本工具"选项卡中的"形状填充"下拉按钮，在下拉菜单中选择"无填充颜色"，单击"文本工具"选项卡中的"文本填充"

下拉按钮,在下拉菜单中选择"白色,背景1"。

（3）插入副标题文本框

操作同上述插入标题文本框的操作,不同之处在于设置字体不加粗,字号大小为18。

（4）插入个人信息文本框

插入个人信息文本框,并录入学校、院校、汇报人信息,操作与上述插入标题文本框的操作相同,区别在于此处设置字体不加粗,字号大小为19,文本填充为"矢车菊蓝,着色5,深色50%"。

最终给文档创建封面效果,如图3-127所示。

2. 设置标题

以设置第一部分的标题为例,选中要设置标题的文字"一、自我认知",单击"开始"选项卡中的预设标题下拉按钮,在下拉菜单中选择"标题2"完成2级标题的设置,设置其他标题的操作与之类似,设置标题的最终效果如图3-129的目录所示。

3. 创建目录

文档中设置好标题后,在封面的下一页,单击"引用"菜单中的目录,插入第2级智能目录,如图3-129所示。

4. 添加题注

给文档中的表格添加题注：以文档中的第一个表格个人简介表格为例,光标定位于该表格的上方一行,单击"引用"选项卡中的"题注"按钮,在"题注"对话框中的题注文本框中"表1"后面输入"个人简介",单击"确定"按钮。选中"表1个人简介"文本,在"开始"选项卡中选择字体为"黑体"、字号为五号,单击"开始"选项卡"段落"功能区中的居中对齐按钮设置文本居中对齐。给文档中的图片添加题注,与上述给表格添加题注的操作类似,区别在于图片的题注一般在图片下方一行水平居中。

5. 添加分节符

给文档的目录页、前言页和个人简介页添加"下一页分节符"。

在目录页、前言页和个人简介页的末尾处单击,然后单击"插入"选项卡中的"分页"下拉按钮,选择"下一页分节符",插入"下一页分节符"。

6. 设置页眉

①给文档的前言页设置页眉为"前言"且居中显示。

②给文档的个人简介页设置页眉为"个人简介"且居中显示。

③给文档的后续页设置页眉为"职业生涯规划书"且居中显示。

设置页眉的操作类似,以设置"前言"页的页眉为例,单击"插入"选项卡中的"页眉页脚"按钮,进入页眉页脚的编辑界面,在页眉位置处输入"前言"并单击"开始"选项卡"段落"功能区的居中按钮,设置当前节的页眉为"前言",如图3-107所示。

7. 设置页码

（1）给文档的目录单独设置页码，显示格式为"I、II"

单击"插入"选项卡中的"分页"下拉按钮，在下拉列表中选择"下一页分节符"命令，在封面页后增加分节符。双击目录页页脚的位置，单击"插入页码"按钮，在样式中选择"I、II、III…"，位置选择"居中"，应用范围选择为"本节"，单击"确定"按钮为目录页设置页码，如图3-131所示。

（2）在文档的页脚处设置页码，从前言页开始为第一页

双击目录页页脚的位置，单击"插入页码"按钮，在样式中选择"第1页"，位置选择"居中"，应用范围选择为"本页及之后"，单击"确定"按钮为目录页设置页码，如图3-132所示。

图 3-131　设置页码

图 3-132　插入页码

拓展练习

一、请扫码完成本项目测试

交互式练习

二、试一试以下操作

1. 段落的对齐方式有哪几种？以大学生职业生涯规划文档几个连续的段落为例，分别设置几种设置对齐方式，对比分析段落对齐的效果。

2. 输入一段以逗号分隔的文本，尝试把这段文本转换成表格。

项目 4 WPS 表格处理

WPS 表格是 WPS 办公软件的一个主要组件，用于制作电子表格，如销售报表、业绩报表、工资发放表等。本章主要介绍工作簿基本操作、数据编辑、使用公式、格式设置、数据分析、数据图表、数据安全，以及打印工作表等内容。

引导案例

学期末小红帮助老师汇总、统计班级学生各科成绩信息，对于班级学生各科学生成绩不但要制作表格汇总，而且还要根据需要统计相关数据，来分析学生的学习情况以及对相关课程的掌握程度，这就需要制作 WPS 表格。小红知道用 WPS 表格来制作汇总表，然而，作为 WPS 表格的新手，她希望通过简单的操作制作出表格。本章以创建和编辑制作班级成绩汇总表为例，系统讲解使用 WPS 表格创建、数据编辑、数据分析、数据图表等知识。

学习目标

- 熟悉 WPS 表格的界面布局和基本设置，能够使用 WPS 表格进行创建工作簿等基本操作。
- 掌握 WPS 表格常见的编辑方法，能够使用 WPS 表格实现工作表格的编辑。
- 掌握 WPS 表格中行、列概念，能够对行、列进行添加、删除管理，并能够设置行、列格式以及单元格格式。
- 掌握 WPS 表格中单元格数据处理方法，能够使用 WPS 表格实现数据的有效性验证、排序、筛选、查找和替换等功能。
- 掌握 WPS 表格中数据统计方法，能够实现对 WPS 表格中数据的计数、求和等统计方法。
- 掌握 WPS 表格图表的处理，能够使用 WPS 表格数据实现图表形式直观展示以及相关打印功能。
- 掌握 WPS 表格数据的审阅与安全，能够使用 WPS 表格隐藏、锁定、保护功能实现对数据的保护。

任务1　格式设置——制作班级成绩表

学习笔记

需求分析

学期末小红帮助老师汇总统计学生各科成绩，首先利用 WPS 表格创建工作簿，然后完成表格表头以及相关的设置。

方案设计

使用 WPS 表格创建数据统计表格，经过一系列操作初步制作完成后的表格如图 4-1 所示。其相关要求如下：

- 启动 WPS office 2019 后，新建一个空白表格。
- 以“班级成绩表”为文件名，将其保存。
- 插入行和列，设置单元格格式。
- 设置表样式。

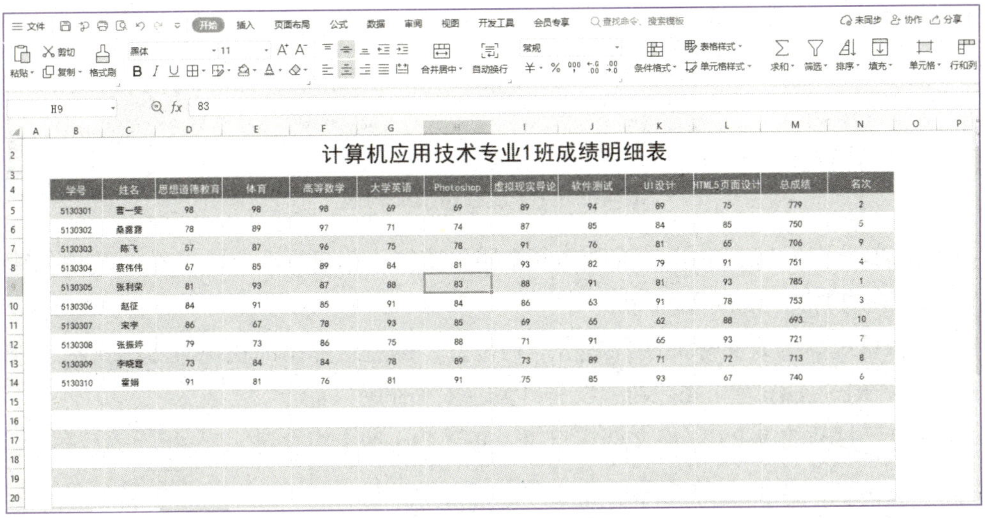

计算机应用技术专业1班成绩明细表

学号	姓名	思想道德教育	体育	高等数学	大学英语	Photoshop	虚拟现实导论	软件测试	UI设计	HTML5页面设计	总成绩	名次
5130301	曹一斐	98	98	98	69	69	89	94	89	75	779	2
5130302	桑露露	78	89	97	71	74	87	85	84	85	750	5
5130303	陈飞	57	87	96	75	78	91	76	81	65	706	9
5130304	蔡伟伟	67	85	89	84	81	93	82	79	91	751	4
5130305	张利荣	81	93	87	88	83	88	91	81	93	785	1
5130306	赵征	84	91	85	91	84	86	63	91	78	753	3
5130307	宋宇	86	67	78	93	85	69	65	62	88	693	10
5130308	张振婷	79	73	86	75	88	71	91	65	93	721	7
5130309	李晓霞	73	84	84	78	89	73	89	71	72	713	8
5130310	霍娟	91	81	76	81	91	75	85	93	67	740	6

图 4-1　班级成绩明细表

相关知识

1. 新建并保存工作簿

使用 WPS 新建工作表格，可以新建空白表格，也可以用模板创建表格。

（1）新建空白表格

WPS 表格文档也称工作簿，一个工作簿可以包含多个工作表，工作表由若干单元格组成。

新建工作簿的操作步骤如下：

① 在"开始"菜单中选择"WPS Office\WPS Office"命令启动 WPS。

② 单击左侧导航栏中的"新建"按钮，或单击标签栏中的"+"按钮，打开"新建"标签页。

③ 单击选项卡中的"S 表格"按钮，显示 WPS 表格模板列表，如图 4-2 所示。

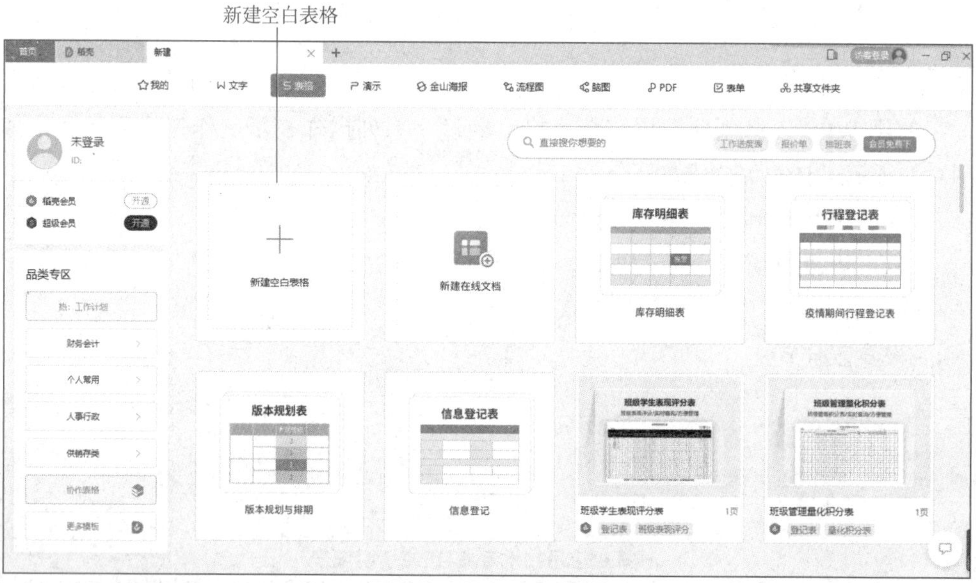

图 4-2　WPS 表格模板列表

④ 单击模板列表中的"新建空白文档"按钮，创建一个空白文档。其他创建 WPS 空白表格文档的方法如下：

· 在系统桌面或文件夹中，右击空白位置，然后在弹出的快捷菜单中选择"新建"→"XLS 工作表"或"新建"→"XLSX 工作表"命令。

· 在已打开的 WPS 表格文档窗口中，按【Ctrl+N】组合键。

（2）使用模板创建表格

模板包含了预设格式和内容，空白文档除外。在"新建"选项卡的模板列表中，单击要使用的模板，可打开模板预览界面，如图 4-3 所示。单击预览界面右上角的"关闭"按钮即可关闭预览界面。

单击预览界面右侧的"免费下载"按钮，可下载模板，并用其创建新工作表格。图 4-4 所示为使用模板创建的新工作表格。

使用模板创建的工作表格通常包含首页和多个预设格式的工作表，用户根据需要进行修改，即可完成工作表格的创建。

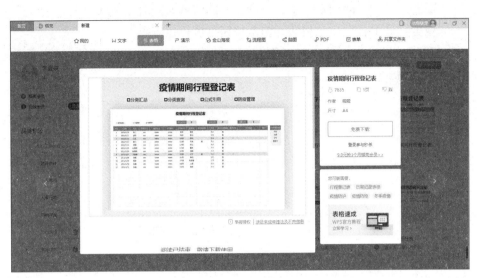

图 4-3 模板预览界面

图 4-4 使用模板创建表格

（3）打开工作簿

打开工作簿主要两种方式：第一种，在系统桌面或文件夹中双击工作簿图标，可启动 WPS，并打开相应工作簿；第二种，WPS 启动后，按【Ctrl+O】组合键，或选择"文件"→"打开"命令，打开"打开文件"对话框，在对话框的文件列表中双击对应文件可直接打开，也可以在选中文件后，单击"打开"按钮打开文件。

（4）WPS 表格工作窗口组成

WPS 表格工作窗口如图 4-5 所示。

- 功能区：显示不同的选项卡，单击相应选项可展开对应的选项卡。
- 选项卡：显示各种命令按钮，单击按钮可执行相应操作。
- 名称框：显示当前单元格名称，由列名称和行编号组成。例如，G6 为第 G 列第 6 行的单元格。

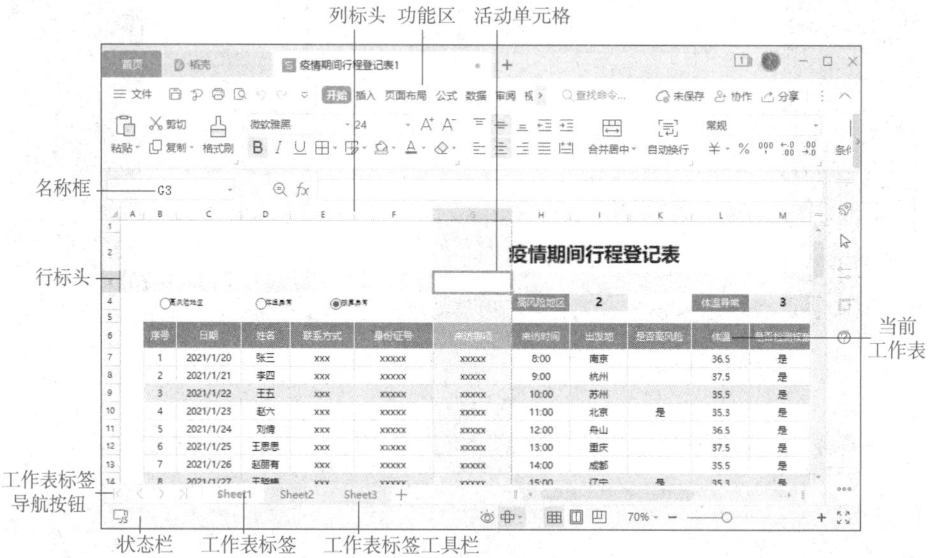

图 4-5　工作表窗口

- 编辑框：用于显示和编辑当前单元格数据。
- 列标头：显示列名称，单击可选中对应列。列名称用大写字母表示，从第 1 列开始依次用 A、B、C…Z 等表示，单字母用完后，在单字母后增加一个字母，如 AA、AB、AC…AZ，BA、BB…BZ，…，AAA、AAB…AAZ，等等。
- 行标头：显示行编号，单击可选中对应行。行编号为数字，编号从 1 开始。
- 状态栏：显示选中单元格的平均值、计数等统计结果，还包含缩放等工具。
- 当前工作表：工作簿可包含多个工作表，当前工作表显示在编辑窗口中。
- 活动单元格：活动单元格就是指正在使用的单元格，可以是正在编辑的单元格，也可以是选取的范围中的单元格。
- 工作表标签工具栏：包含了用于管理工作表的命令按钮和工作表标签。
- 工作表导航按钮：单击"第一个"按钮 可使第一个工作表成为当前工作表；单击"前一个"按钮 可使前一个工作表成为当前工作表；单击"后一个"按钮 可使后一个工作表成为当前工作表；单击"最后一个"按钮 可使最后一个工作表成为当前工作表。
- 工作表标签：显示当前工作表名称，单击相应标签可使对应工作表成为当前工作表，双击标签可编辑工作表名称。

(5)保存工作表格

单击快速访问工具栏中的"保存"按钮 ，或在"文件"菜单中选择"保存"命令，或按【Ctrl+S】组合键，执行保存操作，可保存当前正在编辑的工作簿。

在"文件"菜单中选择"另存为"命令，执行另存为操作，可将正在编辑的工作簿保存为指定名称的新工作簿。保存新建的工作簿或执行"另存为"命令时，都会打开"另存文件"窗口，如图4-6所示。在对话框中设置保存位置、文件名和文件类型后，单击"保存"按钮完成保存操作。

图 4-6 "另存文件"窗口

WPS工作簿默认保存的文件类型为"Microsoft Excel 文件"，文件扩展名为 .xlsx，保持了与微软Excel等办公软件的格式兼容。还可将工作簿保存为WPS表格文件、WPS表格模板文件、PDF文件格式等10多种文件类型。完成设置后，单击"保存"按钮完成保存操作即可。

(6)输出工作簿为 PDF 文件

将工作簿输出为 PDF 文件的操作步骤如下：

① 单击菜单栏中的"文件"菜单项。

② 在下拉菜单中选择"输出为PDF"命令，打开"输出为PDF"对话框，如图4-7所示。

③ 在文件列表中选中要输出的文档，当前文档默认被选中。

④ 在"保存目录"下拉列表框中选择保存位置。

⑤ 单击"开始输出"按钮，执行输出操作。成功完成输出后，文档状态变为"输出成功"，此时可关闭对话框。

图 4-7 输出 PDF 文件

（7）输出工作簿为图片

将工作簿输出为图片的操作步骤如下：

①在工作簿中选择要输出为图片的工作表。

②单击"文件"选项。

③在下拉菜单中选择"输出为图片"命令，打开"输出为图片"对话框，如图4-8所示。

图 4-8 输出为图片

④在"水印设置"栏中选择"无水印""自定义水印"或"默认水印"选项。

⑤在"输出格式"下拉列表框中选择输出图片的文件格式。

⑥在"输出品质"下拉列表框中选择输出图片的品质。

⑦在"输出目录"文本框中输入图片的保存位置,可单击文本框右侧的"…"按钮打开对话框选择保存位置。

⑧单击"输出"按钮,执行输出操作。

2. 工作表的操作

WPS 工作表的操作主要包括打开、添加、切换、删除、修改、移动、复制工作表。

(1)添加工作表

默认情况下,工作簿仅包含一个工作表。为工作簿添加工作表的常用方法如下:

①在工作表标签工具栏中单击"新建工作表"按钮。

②按【Shift+F11】组合键。

③在"开始"选项卡中单击"工作表"下拉按钮,打开工作表下拉菜单,在下拉菜单中选择"插入工作表"命令,打开"插入工作表"对话框。在"插入工作表"对话框中输入要插入的工作表数量,单击"确定"按钮。

④右击任意一个工作表标签,在弹出的快捷菜单中选择"插入工作表"命令,打开"插入工作表"对话框。在"插入工作表"对话框中输入要插入的工作表数量,单击"确定"按钮。

(2)切换当前工作表

当工作簿中含有较多工作表时,在工作表标签工具栏中单击"切换工作表"按钮,可打开工作表名称列表,在列表中单击工作表名称使其成为当前工作表。

(3)删除工作表

删除工作表的方法如下:

①在"开始"选项卡中单击"工作表"下拉按钮,打开工作表下拉菜单,在下拉菜单中选择"删除工作表"命令。

②右击工作表标签,在弹出的快捷菜单中选择"删除工作表"命令。

被删除的工作表不能恢复,在删除时应慎重。

(4)修改工作表名称

WPS 默认使用 Sheet1、Sheet2、Sheet3 等作为工作表名称。WPS 允许修改工作表名称,具体方法如下:

①双击工作表标签,使其进入可编辑状态,然后修改名称。

②右击工作表标签,在弹出的快捷菜单中选择"重命名"命令,使标签进入可编辑状态,然后修改名称。

③在"开始"选项卡中单击"工作表"下拉按钮,打开工作表下拉菜单,在下拉菜单中选择"重命名"命令,使当前工作表标签进入可编辑状态,然后修改名称。

（5）创建工作表副本

在当前工作簿中复制工作表的方法如下：

① 在"开始"选项卡中单击"工作表"下拉按钮，打开工作表下拉菜单，在下拉菜单中选择"创建副本"命令。

② 右击工作表标签，在弹出的快捷菜单中选择"创建副本"命令。

③ 按住【Ctrl】键，拖动工作表标签。

（6）移动工作表

在同一个工作簿中，拖动工作表标签可调整工作表之间的先后顺序。

可以使用"移动或复制工作表"对话框来复制或者移动工作表。打开"移动或复制工作表"对话框的方法如下：

① 在"开始"选项卡中单击"工作表"下拉按钮，打开工作表下拉菜单，在下拉菜单中选择"移动或复制工作表"命令。

② 右击工作表标签，在弹出的快捷菜单中选择"移动或复制工作表"命令。

"移动或复制工作表"对话框如图4-9所示。在"下列选定工作表之前"列表中双击工作表名称，或者单击工作表名称，再单击"确定"按钮，可将当前工作表移至指定工作表之前。如果在对话框中勾选了"建立副本"复选框，可复制当前工作表。在对话框的"工作簿"下拉列表框中选择其他已打开的工作簿，可将工作表移动或复制到另一个工作簿。

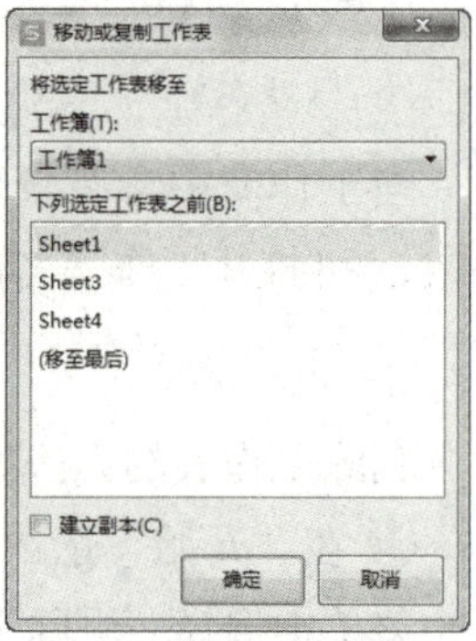

3. 单元格操作

（1）选择单元格

选择单元格的方法如下：

① 选择单个单元格：单击单元格即可将其选中。选中单个单元格后，按方向键可选择相邻的单元格。

② 选择相邻的多个单元格：单击第一个单元格，按住鼠标左键拖动，可选中相邻的多个单元格；也可以单击第一个单元格，按住【Shift】键，再单击另一个单元格，选中以这两个单元格为对角的矩形区域内的所有单元格。

图4-9 "移动或复制工作表"对话框

③ 选择分散的多个单元格：按住【Ctrl】键，单击分散的单个单元格，或者拖动鼠标选择多个不连续的相邻单元格。

④ 选择单列：单击列标头可选中对应列。

⑤ 选择相邻的多列：单击要选择的第一列的列标头，按住【Shift】键，再按【←】【→】方向键选中相邻的多列；或者在要选择的第一列列标头上按住鼠标左键拖动，选中相邻的多列。

⑥ 选择分散的多列：按住【Ctrl】键，单击列的列标头选中分散的单列，或者在列标头上按住鼠标左键拖动，选中多个不连续的相邻列。

⑦ 选择单行：单击行标头可选中对应行。

⑧ 选择相邻的多行：单击要选择的第一行的行标头，按住【Shift】键，再按【↑】【↓】方向键选中相邻的多行；或者在选择的第一行行标头上按住鼠标左键拖动，选中相邻的多行。

⑨ 选择分散的多行：按住【Ctrl】键，单击行的行标头选中分散的单行，或者在行标头上按住鼠标左键拖动选中多个不连续的相邻行。

⑩ 选中所有单元格：按【Ctrl+A】组合键，或者单击工作表左上角的工作表选择按钮，选中全部单元格。

（2）插入单元格

插入单元格的方法如下：

① 右击单元格（该单元格称为活动单元格），然后在弹出的快捷菜单中选择"插入"→"插入单元格，活动单元格右移"或"插入"→"插入单元格，活动单元格下移"命令，插入单元格。

② 单击单元格，再单击"开始"选项卡中的"行和列"下拉按钮，打开下拉菜单，在下拉菜单中选择"插入单元格"→"插入单元格"命令，打开"插入"对话框，在对话框中选择"活动单元格右移"或者"活动单元格下移"单选项，单击"确定"按钮完成单元格插入。

（3）插入行

插入行的方法如下：

① 单击单元格或行标头，再单击"开始"选项卡中的"行和列"下拉按钮，打开下拉菜单，在下拉菜单中选择"插入单元格"→"插入行"命令。

② 右击行标头，然后在弹出的快捷菜单中选择"插入"命令插入一行；可在"插入"命令右侧的"行数"数值文本框中输入要插入的行数，然后单击"插入"命令或按【Enter】键完成插入。

（4）插入列

插入列的方法如下：

① 单击单元格或列标头，再单击"开始"选项卡中的"行和列"下拉按钮，打开下拉菜单，在下拉菜单中选择"插入单元格"→"插入列"命令。

② 右击列标头，然后在弹出的快捷菜单中选择"插入"命令插入一列，可在"插入"命令右侧的"列数"数值文本框中输入要插入的列数，然后单击"插入"命令或按【Enter】键完成插入。

（5）删除单元格

删除单元格的方法如下：

① 右击单元格，然后在弹出的快捷菜单中选择"删除\右侧单元格左移"或者"删除\下方单元格上移"命令完成单元格删除。

② 单击单元格或选中多个单元格，再单击"开始"选项卡中的"行和列"下拉按钮，打开下拉菜单，在下拉菜单中选择"删除单元格"→"删除单元格"命令，打开"删除"对话框，在对话框中选择处理方式，单击"确定"按钮完成单元格删除。

（6）删除行和列

删除行和列的方法如下：

① 右击行（列）标头，然后在弹出的快捷菜单中选择"删除"命令。

② 选中要删除的行（列）中的任意一个单元格，单击"开始"选项卡中的"行和列"下拉按钮，打开下拉菜单，在下拉菜单中选择"删除单元格"→"删除行"或"删除单元格"→"删除列"命令。

（7）调整行高和列宽

默认情况下，所有行的高度相同，但可用以下方法调整行高：

① 将鼠标指针指向行标头之间的分隔线，待指针变为✤时，按住鼠标左键，上下拖动调整行高。

② 将鼠标指针指向行标头之间的分隔线，待指针变为✤时，双击鼠标左键，可自动调整行高。

③ 选中要调整高度的行，再右击选中的行，在弹出的快捷菜单中选择"行高"命令，打开"行高"对话框，在对话框中设置行高，然后单击"确定"按钮完成行高调整。

④ 选中要调整高度的行，单击"开始"选项卡中的"行和列"下拉按钮，打开下拉菜单，在下拉菜单中选择"行高"命令，打开"行高"对话框，在对话框中设置行高，然后单击"确定"按钮完成行高调整。

列宽的设置方法与行高相似，这里不再赘述。

（8）合并单元格

合并单元格指将多个相邻的单元格合并为一个单元格，WPS提供了多种合并方法，具体介绍如下：

① 合并居中。

合并居中是指合并选中的单元格，只保留选中区域中左上角单元格的数据，并水平居中显示，不改变原先垂直方向的对齐格式。合并方法为：选中单元格后，单击"开始"选项卡中的"合并居中"下拉按钮，打开下拉菜单，在下拉菜单中选择"合并居中"命令完成合并。图4-10所示为合并居中效果。

② 合并单元格。

合并单元格是指合并选中的单元格，只保留选中区域中左上角单元格的数据，对齐方式不变。合并方法为：选中单元格后，单击"开始"选项卡中的"合并居中"下拉按钮，打开下拉菜单，在菜单中选择"合并单元格"命令完成合并。图 4-11 所示为合并单元格效果。

 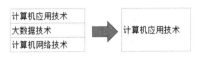

图 4-10　合并居中效果　　　　　图 4-11　合并单元格效果

③ 合并内容。

合并内容是指合并选中的单元格，保留所有单元格数据，在合并后的单元格中，数据自动换行，每个合并之前的单元格数据分别占一行，对齐方式以选中区域中的左上角单元格为准。合并方法为：选中单元格后，单击"开始"选项卡中的"合并居中"下拉按钮，打开下拉菜单，在下拉菜单中选择"合并内容"命令完成合并。图 4-12 所示为合并内容效果。

④ 跨列合并。

跨列合并适用于选中区域包含多列、多行的情况。跨列合并可分别合并选中区域内每行中的数据，只保留每行中最左侧单元格的数据。合并方法为：选中单元格后，单击"开始"选项卡中的"合并居中"下拉按钮，打开下拉菜单，在菜单中选择"按行合并"命令完成合并。图 4-13 所示为跨列合并效果。

图 4-12　合并内容效果　　　　　图 4-13　跨列合并效果

⑤ 跨列居中。

如果选中区域内，行中只有最左侧单元格有数据，则跨列居中可将对应行中的数据跨列居中显示，否则将在单元格中居中显示。跨列居中仅设置显示效果，不合并单元格。设置方法为：选中单元格后，单击"开始"选项卡中的"合并居中"下拉按钮，打开下拉菜单，在下拉菜单中选择"跨列居中"命令。图 4-14 所示为跨列居中效果，其中，第 1、2 行实现跨列居中，第 3 行的两个单元格数据则居中显示。

⑥ 合并相同单元格。

合并相同单元格适用于选中区域只包含单列的情况。该方法可将包含相同数据的相邻单元格合并，去掉重复值。合并方法为：选中单元格后，单击"开始"

选项卡中的"合并居中"下拉按钮，在下拉菜单中选择"合并相同单元格"命令完成合并。选中合并后的单元格，单击"开始"选项卡中的"合并居中"下拉按钮，在下拉菜单中选择"拆分并填充内容"命令完成单元格拆分并填充内容。图4-15所示为合并相同单元格及拆分单元格效果。

图4-14 跨列居中效果

图4-15 合并相同单元格及拆分单元格效果

4. 使用条件格式功能

条件格式用于为单元格设置显示规则，在单元格满足规则条件时应用显示格式。例如，在成绩表中，可应用突出显示单元格规则，将小于60分的成绩用红色文本显示。

在"开始"选项卡中单击"条件格式"下拉按钮，可以打开条件格式下拉菜单，如图4-16所示。条件格式下拉菜单中包含突出显示单元格规则、项目选取规则、数据条、色阶、图标集等条件格式，以及新建规则、清除规则和管理规则等命令。

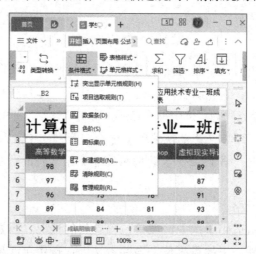

图4-16 条件格式下拉菜单

（1）突出显示单元格规则

突出显示单元格规则可将满足条件的单元格用填充颜色和文本颜色突出显示。设置突出显示单元格规则的步骤如下：

① 选中要设置规则的单元格。

② 在"开始"选项卡中单击"条件格式"下拉按钮，打开条件格式下拉菜单。在下拉菜单的"突出显示单元格规则"子菜单中，可选择"大于""小于""介于""等于""文本包含""发生日期""重复值"命令，选择"其他规则"命令可自定义规则。各种突出显示单元格规则设置基本相同，图 4-17 所示为"小于"条件格式设置对话框。

③ 在对话框左侧的文本框中输入指定数值，或者单击工作表的单元格将其地址插入文本框，以便引用单元格数据。

④ 在"设置为"下拉列表框中选择显示格式。

⑤ 单击"确定"按钮，将规则应用到选中的单元格。图 4-18 所示为突出显示效果。

图 4-17 "小于"条件格式设置对话框

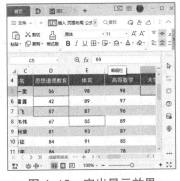

图 4-18 突出显示效果

（2）项目选取规则

项目选取规则可将满足条件的多个单元格用填充颜色或文本颜色突出显示。设置项目选取规则的步骤如下：

① 选中要设置规则的单元格。

② 在"开始"选项卡中单击"条件格式"下拉按钮，打开条件格式下拉菜单。在下拉菜单的"项目选取规则"子菜单中，可选择"前 10 项""前 10%""最后 10 项""最后 10%""高于平均值""低于平均值"命令，选择"其他规则"命令可自定义规则。各种项目选取规则设置基本相同，图 4-19 所示为"前 10 项"选取规则设置对话框。

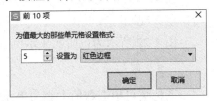

图 4-19 "前 10 项"选取规则设置对话框

③在对话框左侧的数值文本框中输入要选取的项目数量。

④在"设置为"下拉列表框中选择显示格式。

⑤单击"确定"按钮,将规则应用到选中的单元格。

为值最大的前5项添加红色边框的效果,如图4-20所示。

（3）数据条

数据条可根据数值大小为单元格添加背景填充颜色条,数值越大,填充颜色条越长。设置数据条的步骤如下:

①选中要设置数据条的单元格。

②在"开始"选项卡中单击"条件格式"下拉按钮,打开条件格式下拉菜单。在下拉菜单的"数据条"子菜单中选择预定义的渐变填充或实心填充样式,选择"其他规则"命令可自定义规则。

图4-21所示为数据条效果示例。

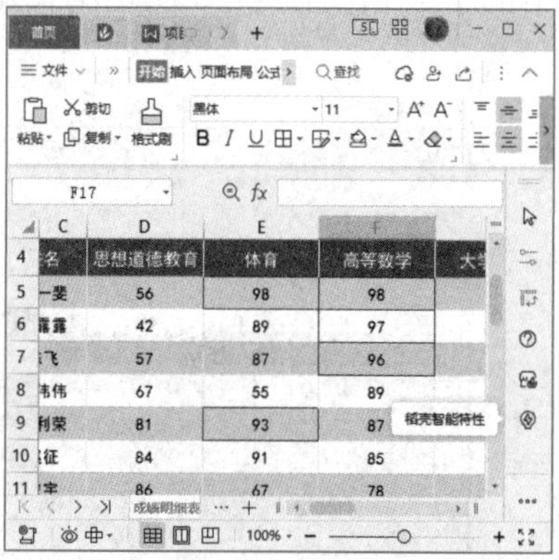

图4-20 为值最大的前5项添加红色边框的效果 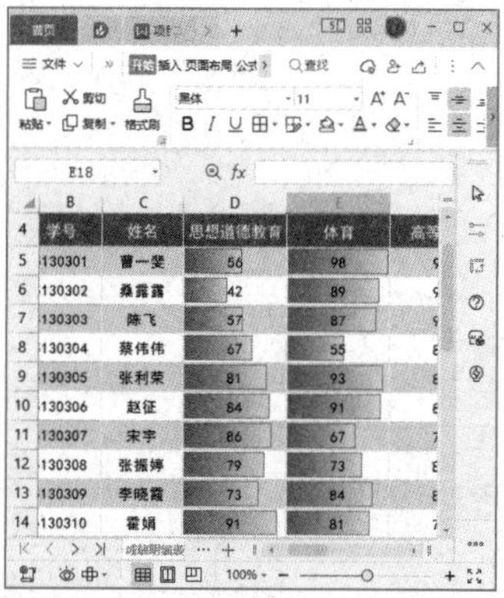　　图4-21 数据条效果示例

（4）色阶

色阶可根据数值大小为单元格添加背景填充颜色,单元格中的数值越接近,填充颜色越相近。设置色阶的步骤如下:

①选中要设置色阶的单元格。

②在"开始"选项卡中单击"条件格式"下拉按钮,打开条件格式下拉菜单。在下拉菜单的"色阶"子菜单中选择预定义的色阶样式,选择"其他规则"命令可自定义规则。

图4-22所示为色阶效果示例。

（5）图标集

图标集可根据数值大小为单元格添加图标,数值接近的单元格使用相同图标。设置图标集的步骤如下:

①选中要设置图标集的单元格。

② 在"开始"选项卡中单击"条件格式"下拉按钮，打开条件格式下拉菜单。在菜单的"图标集"子菜单中选择预定义的图标集样式，选择"其他规则"命令可自定义规则。

图 4-23 所示为图标集效果示例。

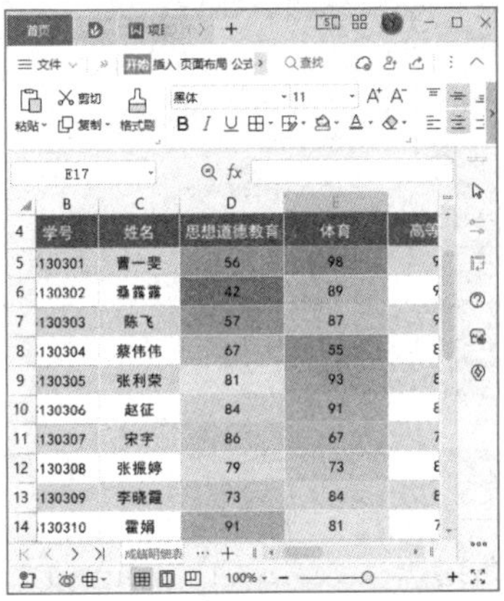

图 4-22　色阶效果示例 　　　　　　图 4-23　图标集效果

5. 设置单元格格式

格式设置用于设置表格的外观，如数字显示格式、对齐方式、字体、边框、底纹等。

（1）数字显示格式

"开始"选项卡中的数字格式工具可用于设置数字显示格式，如图 4-24 所示。

"数字格式"下拉列表框 数值 显示了被选中单元格的数字格式。设置数字格式的方法如下：

- 在"数字格式"下拉列表框中输入格式名称，按【Enter】键确认。
- 单击"数字格式"下拉列表框右侧的下拉按钮，打开格式列表，在列表中选择常用格式。
- 单击"中文货币符号"按钮¥，可为数值添加中文货币符号。
- 单击"百分比样式"按钮%，可将显示格式设置为百分比。
- 单击"千位分隔样式"按钮 000，可为数值添加千位分隔符。
- 对于带有小数位的数值格式，可单击"增加小数位数"按钮增加小数部分的位数，或单击"减少小数位数"按钮减少小数部分的位数。
- 单击"数字格式"对话框按钮，打开"单元格格式"对话框的"数字"选项卡，如图 4-25 所示，在其中可设置各种数字格式。

（2）对齐方式

对齐方式指数据在单元格内部的水平或垂直方向上的位置。文本的默认对齐方式为左对齐、垂直居中，即水平方向为左对齐、垂直方向为居中。数字的默认对齐方式为右对齐、垂直居中，即水平方向为右对齐、垂直方向为居中。

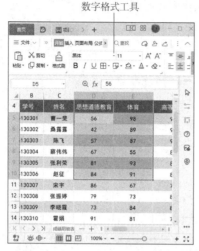

图 4-24 数字格式工具

图 4-25 "数字"选项卡

"开始"选项卡中的对齐方式工具可用于设置对齐方式，如图 4-26 所示。对齐方式的设置方法如下：

- 单击"顶端对齐"按钮，将垂直方向的对齐方式设置为顶端对齐。
- 单击"垂直居中"按钮，将垂直方向的对齐方式设置为居中对齐。
- 单击"底端对齐"按钮，将垂直方向的对齐方式设置为底端对齐。
- 单击"左对齐"按钮，将水平方向的对齐方式设置为左对齐。
- 单击"水平居中"按钮，将水平方向的对齐方式设置为居中对齐。
- 单击"右对齐"按钮，将水平方向的对齐方式设置为右对齐。
- 单击"减少缩进量"按钮，可缩小文字与单元格左侧边框的距离。
- 单击"增加缩进量"按钮，可增大文字与单元格左侧边框的距离。
- 单击"两端对齐"按钮，可根据需要调整文字间距，使文字两端同时进行对齐。
- 单击"分散对齐"按钮，可根据需要调整文字间距，使段落两端同时进行对齐。
- 单击"自动换行"按钮，可设置或取消自动换行。

单击"对齐方式"对话框按钮，打开"单元格格式"对话框的"对齐"选项卡，在其中可设置各种对齐格式，如图 4-27 所示。

（3）字体设置

"开始"选项卡中的字体设置工具用于设置字体相关的选项，如图 4-28 所示。字体选项的设置方法如下：

① 设置字体名称：在"字体"下拉列表框 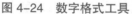 中输入字体名称，按【Enter】键确认；或者单击"字体"下拉列表框右侧的下拉按钮，打开字体列表，在其中选择字体。

图 4-26 对齐方式工具

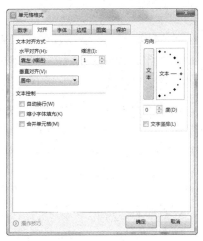

图 4-27 "对齐"选项卡

② 设置字号：在"字号"下拉列表框 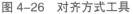 中输入字号，按【Enter】键确认；或者单击"字号"下拉列表框右侧的下拉按钮，打开字号列表，在其中选择字号。单击"增大字号"按钮 A⁺，可增大字号；单击"减小字号"按钮 A⁻，可减小字号。

③ 设置粗体效果：单击"加粗"按钮 B，可添加或取消加粗效果。

④ 设置斜体效果：单击"倾斜"按钮 I，可添加或取消倾斜效果。

⑤ 设置下画线效果：单击"下画线"按钮 U，可添加或取消下画线。

⑥ 单击"字体颜色"按钮 A 可设置文字颜色，按钮会显示当前颜色。单击按钮右侧的下拉按钮，可打开颜色列表，在其中可选择其他颜色。

⑦ 单击"字体设置"对话框按钮，打开"单元格格式"对话框的"字体"选项卡，如图 4-29 所示，在其中可设置各种字体选项。

图 4-28 字体设置工具

图 4-29 "字体"选项卡

(4)设置边框

默认情况下，表格没有边框，WPS显示的灰色边框线只是用于示意边框位置。如果需要打印出边框，就需要手动设置边框。

"开始"选项卡中的"边框样式"按钮⊞显示了之前使用过的边框样式，单击该按钮可为单元格设置该样式。单击"边框样式"按钮右侧的下拉按钮，可打开边框样式下拉菜单，如图4-30所示。在下拉菜单中可选择边框样式命令，选择其中的"其他边框"命令，可打开"单元格格式"对话框的"边框"选项卡，如图4-31所示，在其中可设置各种边框选项。

图4-30 边框样式下拉菜单

图4-31 "边框"选项卡

WPS还提供了绘制边框功能。单击"开始"选项卡中的"绘图边框"按钮右侧的下拉按钮，可打开绘图边框下拉菜单，如图4-32所示。"绘图边框"按钮始终显示之前执行过的边框菜单命令。在下拉菜单中选择"绘图边框"命令或"绘图边框网格"命令，可进入边框绘制状态，再次选择命令可退出边框绘制状态。选择"绘图边框"命令进入边框绘制状态时，拖动鼠标可为多个单元格添加外边框，或者绘制单条边框线。选择"绘图边框网格"命令进入边框绘制状态时，拖动鼠标可为多个单元格添加外边框及内部所有网格线。在绘图边框下拉菜单的"线条颜色"子菜单中可以设置绘制边框时使用的颜色，在菜单的"线条样式"子菜单中可以设置绘制边框时使用的线条样式。

(5)设置填充颜色

填充颜色指单元格的背景颜色。"开始"选项卡中的"填充颜色"按钮显示了当前填充颜色，单击该按钮可将当前填充颜色应用到选中的单元格。单击"填充颜色"按钮右侧的下拉按钮，可打开填充颜色下拉菜单，如图4-33所示。在下拉菜单中可以选择填充颜色，选择下拉菜单中的"无填充颜色"命令可取消填充颜色。

图 4–32　绘图边框下拉菜单　　　　图 4–33　填充颜色下拉菜单

6. 设置表格样式

表格样式可以设置标题、数据，以及边框等单元格的格式。WPS 提供了多种预定义表格样式，用户也可以自定义样式。

为单元格设置表格样式的操作步骤如下：

① 选中要设置样式的单元格。

② 在"开始"选项卡中单击"表格样式"下拉按钮，打开表格样式下拉菜单。在下拉菜单中选择预设样式，选择"新建表格样式"命令可自定义样式。选择样式后，打开"套用表格样式"对话框，如图 4-34 所示。

③ 在"表数据的来源"文本框中输入要应用样式的单元格地址范围。可先单击文本框右侧的折叠按钮，然后在工作表中拖动鼠标指针选择单元格，将其地址插入文本框。选择"仅套用表格样式"单选按钮，表示只将表格样式应用到选中的单元格，同时可设置标题所占的行数。选择"转换成表格，并套用表格样式"单选按钮，表示将选中的单元格转换为表格，并应用表格样式，同时可设置表格是否包含标题行及是否显示筛选按钮。

④ 设置完成后，单击"确定"按钮关闭对话框。图 4-35 所示为表格样式效果示例。

图 4–34　"套用表格样式"对话框　　　　图 4–35　表格样式效果示例

任务实现

项目实现主要利用以上知识点，完成新建表格、设置表格、录入数据、保存表格等主要操作。

1. 新建表格

启动 WPS 新建空白表格，如图 4-36 所示，单击"新建空白表格"按钮，完成新建表格。

图 4-36 表格样式效果示例

2. 设置表格

设置班级成绩表格、表头以及相关样式如图 4-37 所示。

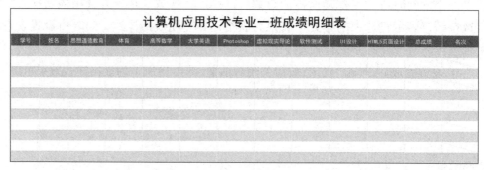

图 4-37 表格样式效果示例

3. 录入数据

录入班级成员的各科目数据，效果如图 4-38 所示。

4. 保存表格

单击"保存"按钮或者文件菜单中的"保存"命令，将文件保存为"计算机应用1班成绩表"。

学习笔记

计算机应用技术专业一班成绩明细表

学号	姓名	思想道德教育	体育	高等数学	大学英语	Photoshop	虚拟现实导论	软件测试	UI设计	HTML5页面设计	总成绩	名次
5130301	曹一斐	56	98	98	69	69	89	94	89	75	737	4
5130302	桑露露	42	89	97	71	74	87	85	84	85	714	7
5130303	陈飞	57	87	96	75	78	91	76	81	65	706	9
5130304	蔡伟伟	67	55	89	84	81	93	82	79	91	721	5
5130305	张利荣	81	93	87	88	83	88	91	81	93	785	1
5130306	赵征	84	91	85	91	84	86	63	91	78	753	2
5130307	宋宇	86	67	78	93	85	69	65	62	88	693	10
5130308	张振婷	79	73	86	75	88	71	91	65	93	721	5
5130309	李晓霞	73	84	84	78	89	73	89	71	72	713	8
5130310	霍娟	91	81	76	81	91	75	85	93	67	740	3

图 4–38　表格样式效果示例

任务2　数据处理——处理班级成绩表

需求分析

小红在完成创建表格、格式和样式的设置之后，开始进行对班级成绩的录入和数据处理，主要完成每位同学各科的成绩录入，然后对每位同学的成绩进行处理，并对总成绩进行排序。

方案设计

为完成班级学生的成绩处理，小红设计了以下操作方案：

- 设置表头并录入各科科目。
- 根据不同数据类型录入学生信息以及学生成绩数据。
- 对学生数据进行有效性校验。
- 对学生数据实现数据筛选以及分类汇总。
- 设置表格打印参数，进行数据表格的打印。

相关知识

1. 认识数据类型

对 WPS 表格数据进行处理之前需要了解表格的数据类型及其特点，WPS 的类型主要包括文本类型和数字类型。

（1）文本类型

文本类型指由英文字母、数字、各种符号或其他语言符号组成的字符串，文本类型数据不能参与数值计算。文本类型数据默认左对齐。

数字位数超过 11 位时，WPS 会自动将其识别为文本类型，并在数字前面添加英文单引号“ ‘”，这种数据可称为数字字符串。单元格包含数字字符串时，其左上角会显示三角形图标进行提示。单击对应单元格，其左侧会显示提示按钮，单击按钮可打开提示菜单。图 4-39 所示为数字字符串的提示图标和提示菜单。数字字符串用于数值计算会导致结果出错,可从提示菜单中选择"转换为数字"命令,将其转换为数字类型。

数字位数小于或等于 11 时,WPS 会将其识别为数字类型,且对齐方式默认为右对齐。在单元格中输入以 0 开头的数字字符串时,如果长度小于 6,WPS 会忽略前面的 0,并将对应字符串识别为数字;如果长度大于或等于 6,WPS 会自动将其识别为字符串,并在其前面添加英文单引号。

在单元格中输入以 0 开头、长度小于 6 的数字字符串,结束输入时,单元格左侧会显示转换按钮,将鼠标指针指向转换按钮可显示原始输入,单击转换按钮可将数据转换为文本类型,如图 4-40 所示。

图 4-39 数字字符串的提示符号和提示菜单 　　图 4-40 将数据转换为文本类型

可将文本类型的数字字符串转换为数字类型,转换方法为:选中包含数字字符串的单元格,在"开始"选项卡中单击"单元格"下拉按钮,打开下拉菜单,在下拉菜单中选择"文本转换成数值"命令完成转换;对于单个单元格中的数字字符串,还可使用前面介绍的方法,从提示菜单中选择"转换为数字"命令完成转换。

(2)数字类型

数字类型数据可用于进行数值计算。单元格默认以常规方式显示数据,即文本左对齐、数字右对齐。可以将数字设置为常规、数值、货币、会计专用、日期、时间、文本等十余种显示格式,设置方法如下:

① 选中单元格,在"开始"选项卡中单击"数字格式"下拉列表框右侧的下拉按钮,打开下拉列表,从下拉列表中选择显示格式。

② 选中单元格,在"开始"选项卡中单击"单元格"下拉按钮,打开下拉菜单,在下拉菜单中选择"设置单元格格式"命令,打开"单元格格式"对话框的"数字"选项卡,如图 4-41 所示。在选项卡的"分类"列表框中选择数字显示格式。

③ 右击选中的单元格,在弹出的快捷菜单中选择"设置单元格格式"命令,打开"单元格格式"对话框的"数字"选项卡,在选项卡的"分类"列表框中选

择数字显示格式。

④ 选中单元格，按【Ctrl+1】组合键打开"单元格格式"对话框的"数字"选项卡，在选项卡的"分类"列表框中选择数字显示格式。

日期和时间数据本质上是数字，可在"单元格格式"对话框的"数字"选项卡中设置显示格式。在输入时，日期数据可使用"yyyy/mm/dd""yy/mm/dd""yy-mm-dd""yy 年 mm 月 dd 日"等多种格式。

2. 编辑数据

（1）编辑数据

在单元格中输入和修改数据的方法如下：

① 单击单元格，直接输入数据。如果单元格中原先有数据，此时原先的数据将被覆盖。

② 单击单元格，在编辑框中输入数据。如果单元格中原先有数据，此时将修改原先的数据。

③ 双击单元格，在单元格中输入数据。如果单元格中原先有数据，此时将修改原先的数据。

在输入或修改单元格中数据时，按【Enter】键或单击单元格之外的任意位置，可结束输入或修改。

删除和清除数据的方法如下：

① 选中单元格，按【Delete】键。单个单元格可按【BackSpace】键删除数据。选中多个单元格时按【BackSpace】键只能删除选中区域左上角的单个单元格数据。

② 选中单元格，单击"开始"选项卡中的"单元格"下拉按钮，打开下拉菜单，在"清除"子菜单中选择"全部"或"内容"命令，删除单元格数据；在"清除"子菜单中选择"格式"命令可仅清除格式，不删除数据。

③ 右击选中的单元格，在弹出的快捷菜单的"清除内容"子菜单中选择"全部"或"内容"命令，删除单元格数据；在"清除内容"子菜单中选择"格式"命令可仅清除格式，不删除数据。

选择"内容"命令时，不影响单元格格式。选择"格式"命令时，不影响单元格中的数据。

（2）填充相同数据

在同一行或列中输入有规律的数据时，可使用自动填充功能。自动填充的操作方法为：选中用于填充的单个或多个单元格，然后将鼠标指针指向选择框右下

图 4-41 "数字"选项卡

角的填充柄，待鼠标指针变为+时，按住鼠标左键拖动，填充相邻单元格。水平拖动将填充同一行中的单元格，垂直拖动将填充同一列中的单元格。

填充相同数据指使用一个单元格或多个单元格中的数据进行填充。

完成填充时，WPS会显示填充选项按钮，单击按钮可打开填充选项菜单。图4-42所示为用一个单元格或多个单元格数据进行填充的结果及填充选项菜单。在填充选项菜单中可以选择复制单元格、仅填充格式、不带格式填充或者智能填充。

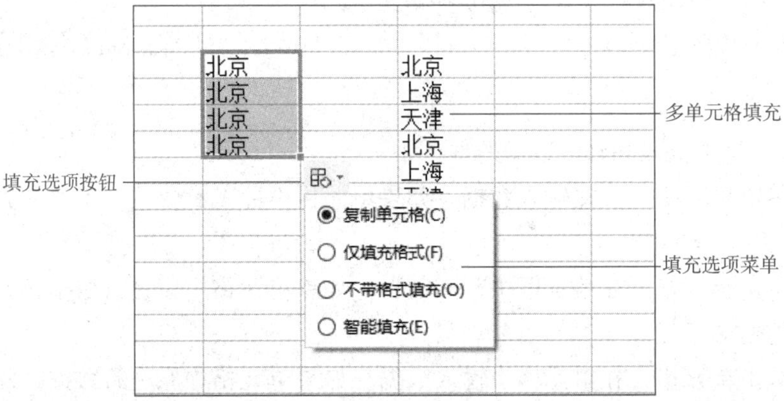

图4-42 填充结果及填充选项菜单

（3）填充等差数列

这里的"等差数列"可以是数学意义上的等差数据，也可以是日常生活中使用的有序序列，例如，一月、二月……，星期一、星期二……，2001年、2002年……

如果差值为1或一，可输入第1个值，再执行填充操作。如果差值大于1或一，可输入前两个值，然后用这两个值执行填充操作。图4-43所示为各种填充数据示例。

一月	二月	三月	四月	五月
1	2	3	4	5
星期一	星期二	星期三	星期四	星期五
1	3	5	7	9
2001年	2004年	2007年	2010年	2013年

图4-43 填充序列

（4）填充等比数列

对于数学中的等比数列，如1、2、4、8……可先输入前3项，然后用这3项执行填充操作。

3. 数据有效性

（1）设置数据有效性

WPS 中利用数据有效性功能可以快速录入数据以及防止录入错误的数据，提高数据录入的准确性。使用数据有效性功能设置输入学生性别、专业以及班级，首先打开需要输入的工作簿或者新建工作簿，如图 4-44 所示，选中 B2 单元格，单击"数据"选项卡中的"有效性"按钮。

图 4-44 设置数据有效性

在打开的"数据有效性"对话框中设置有效性条件。在"允许"下拉列表中选择"序列"选项，"来源"输入框输入"男,女"，单击"确定"按钮，设置 B2 单元格有效性之后，鼠标指针移动至单元格右下角，当指针变成"+"时，按住鼠标左键拖动到 B5 单元格。B2 至 B5 单元格出现下拉按钮，单击下拉按钮即可选择性别。

> 注意：
> 输入时注意性别之间的逗号均为英文状态下的逗号。

第二列"专业"中使用同样的办法，首先选中 C2 单元格，单击"数据"选项卡中的有效性按钮，打开图 4-45 所示对话框。"允许"列表选择"序列"，单击"来源"输入项后按钮，选择 G2:G6 单元格，单击"确定"按钮完成，鼠标指针移动至单元格右下角，当指针变成"+"时，按住鼠标左键拖动到 C5 单元格。C2 至 C5 单元格出现下拉按钮，单击下拉按钮即可选择专业，如图 4-45、图 4-46 所示。

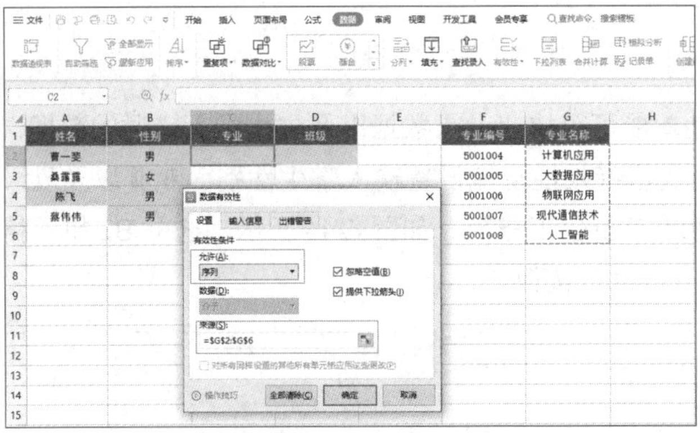

图 4-45 设置专业有效性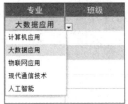

图 4-46 专业有效性效果

为防止信息录入出错,可通过数据有效性功能进行"出错警告"设置。选中已设置有效性的任意单元格,在"有效性"下拉菜单中选择"有效性"命令,在打开的对话框中选择"出错警告"选项卡。在"标题"文本框输入标题"输入错误",在"错误消息"栏输入"专业输入错误"或者"性别不正确",同时在"设置"选项卡中勾选"对所有同样设置的其他所有单元格应用这些更改"复选框,单击"确定"按钮,如图 4-47、图 4-48 所示。

图 4-47 设置数据出错提示信息

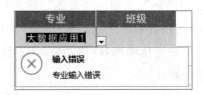

图 4-48 出错提示信息

(2)清除数据有效性

如果在使用过程中需要清除数据有效性验证,可以执行一下步骤,选择需要清除有效性的单元格区域,打开"数据有效性"对话框,单击"全部清除"按钮,即可清除数据有效性,如图 4-49 所示。

4. 使用数据

(1)复制数据

复制数据指将单个或多个单元格中的数据复制到目标单元格中,目标单元格可以与原单元格在同一个工作表、不同工作表或不同工作簿的工作表中。

图 4-49 清除数据有效性

复制数据的操作步骤如下：

① 选中要复制的单元格数据。

② 执行复制操作：按【Ctrl+C】组合键；或单击"开始"选项卡中的"复制"按钮；或者右击选中的单元格，然后在弹出的快捷菜单中选择"复制"命令。

③ 执行粘贴操作：单击目标单元格，按【Ctrl+V】组合键；或单击"开始"选项卡中的"粘贴"按钮；或者右击目标单元格，然后在弹出的快捷菜单中选择"粘贴"命令。

还可以用拖动的方式完成复制，具体方法为：选中要复制的单元格数据，将鼠标指针指向选择框边沿，在指针下方出现黑色十字箭头图标时，按住【Ctrl】键，再按住鼠标左键将选中的单元格数据拖动到目标位置，完成复制。

执行粘贴操作时，粘贴的数据右下角会出现粘贴选项按钮，单击该按钮可打开粘贴选项菜单，它与单击"开始"选项卡中的"粘贴"下拉按钮显示的下拉菜单类似。也可从快捷菜单中的"选择性粘贴"子菜单中选择粘贴方式。默认粘贴操作会保留源格式，用户可在这 3 个菜单中选择其他粘贴方式，如图 4-50 所示。

图 4-50 选择其他粘贴方式

例如，在复制公式时，如果只需要复制计算结果，可在菜单中选择"值"命令；要在粘贴时将行列互换，可在菜单中选择"转置"命令，如图4-51所示。

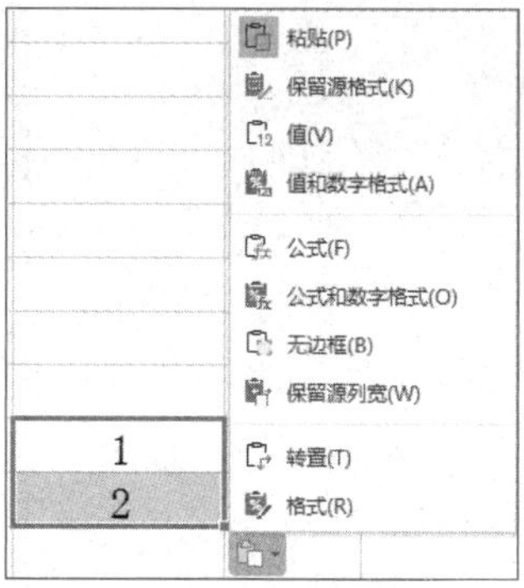

（2）移动数据

移动数据指将单个或多个单元格中的数据移动到目标单元格中，目标单元格可以与原单元格在同一个工作表、不同工作表或不同工作簿的工作表中。复制数据时，原单元格中的数据不变；移动数据时，原单元格中的数据将被删除。

图 4-51　选择其他粘贴方式

移动数据的操作步骤如下：

① 选中要移动的单元格数据。

② 执行剪切操作：按【Ctrl+X】组合键；或单击"开始"选项卡中的"剪切"按钮；或者右击选中的单元格，然后在弹出的快捷菜单中选择"剪切"命令。

③ 执行粘贴操作：单击目标单元格，按【Ctrl+V】组合键；或单击"开始"选项卡中的"粘贴"按钮；或者右击目标单元格，然后在弹出的快捷菜单中选择"粘贴"命令。

还可用拖动的方式完成移动，具体方法为：选中要移动的单元格数据，将鼠标指针指向选择框边沿，在指针下方出现黑色十字箭头图标时，按住鼠标左键将选中单元格数据拖动到目标位置，完成移动。

5. 查找和替换

（1）查找

利用查找功能可以快速查找数据区域中相同条件下的数据，打开"学生信息表.xlsx"工作簿。单击"开始"选项卡中的"查找"按钮，在打开的下拉菜单中选择"查找"命令，弹出"查找"对话框如图4-52所示。也可以通过组合键【Ctrl+F】快速打开"查找"对话框。

图 4-52　数据查找

（2）替换

利用替换功能可以方便地实现数据批量修改。单击"开始"选项卡中的"查找"按钮，在打开的下拉菜单中选择"替换"命令，打开"替换"对话框，在"查找内容"文本框中输入"陈飞"，在"替换为"文本框中输入"陈晓飞"，单击"全部替换"按钮，如图 4-53 所示。

图 4-53　数据替换

6. 重复项

（1）设置高亮重复项

使用 WPS 表格统计数据的时候，可能不经意间就很容易出现数据重复的情况，如果单靠人工去排查有没有重复的数据，工作量非常大，难以完成。利用 WPS 表格的高亮重复项功能，即可帮助快速查找重复项。选中专业名称列，单击"数据"选项卡，展开"重复项"下拉菜单，选择"设置高亮重复项"，单击"确定"按钮，A 列中重复项均以橙色背景标识出来，如图 4-54、图 4-55 所示。WPS 可以实现对身份证、银行卡等超过 15 位以上的长数字进行精准匹配，只需要在"高亮显示重复值"对话框中勾选"精确匹配 15 以上的长数字（例如：身份证、银行卡）"复选框，完成对长数字的精确匹配。

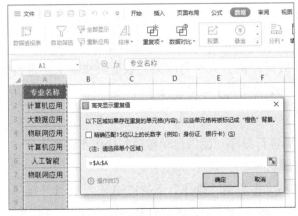

图 4-54　设置重复高亮

图 4-55　重复高亮效果

（2）清除高亮重复项

如果在查看重复项后，需要清除高亮重复项设置，首先单击已设置高亮重复列，单击"数据"选项卡，选择重复项下拉菜单中的"清除高亮重复项"即可。

（3）删除重复项

在工作列中出现重复项较多，可以使用删除重复项保持数据列数值的唯一性，首先选中需要操作的 A 列，单击"数据"选项卡，选择重复项下拉菜单中的"删除重复项"命令，打开"删除重复项"对话框，在对话框中显示了包含重复列的列名称，以及找到多少条重复项、删除后保留多少条唯一项，单击"删除重复项"按钮即可删除重复项，保持数据值唯一性，如图 4-56 所示。

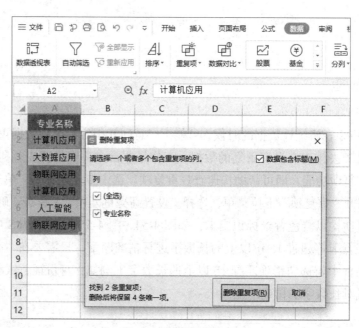

图 4–56　删除重复项

7. 数据排序

数据排序是指将数据按升序或降序的方式进行排列。数值可按其大小进行排序，文本可按字母顺序、拼音顺序或笔画顺序等进行排序。

（1）自动排序

自动排序使用默认规则对数据进行排序。使用自动排序的操作步骤如下：

① 选中要进行排序的数据区域。

② 在"开始"或"数据"选项卡中单击"排序"下拉按钮，打开排序下拉菜单，在下拉菜单中选择"降序"或"升序"命令，打开"排序警告"对话框，如图 4-57 所示。

③ 对话框中的"扩展选定区域"单选按钮表示扩展已选定的区域，同时选中相邻的数据区域进行排序；"以当前选定区域排序"单选按钮表示只对当前选定区域中的数据进行排序。选定是否扩展选定区域后，单击"排序"按钮执行排序操作。

图 4-58 所示为按"体育"成绩升序排列数据的结果。

在自动排序时，如果选定区域无相邻数据，则不会显示"排序警告"对话框。同时选定多个数据列进行排序时，默认根据第一列数据进行排序。

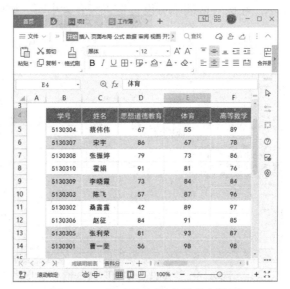

图 4-57 "排序警告"对话框　　　图 4-58 按"体育"成绩升序排列

（2）自定义排序

自定义排序可设置更多的排序选项。在"开始"或"数据"选项卡中单击"排序"下拉按钮，打开排序下拉菜单，在下拉菜单中选择"自定义排序"命令，打开"排序"对话框，如图 4-59 所示。

图 4-59 "排序"对话框

在"排序"对话框中可定义多个排序条件，每个排序条件包括用于排序的列（关键字）、排序依据及次序。

在对话框中勾选"数据包含标题"复选框后，选定区域的第一行将作为标题行，在排序条件的"主要关键字"下拉列表框中可选择作为排序关键字的标题名称；未勾选"数据包含标题"复选框时，将用列名称作为关键字。

在"排序依据"下拉列表框中，可选择按数值、单元格颜色、字体颜色或条件格式图标进行排序。

在"次序"下拉列表框中,可选择升序、降序或自定义序列作为排序方式。选择"自定义序列"选项时,可打开"自定义序列"对话框,如图4-60所示。在对话框中可选择预设的自定义序列,或者输入新序列。

在"排序"对话框中单击"添加条件"按钮,可添加新的排序条件。单击"删除条件"按钮,可删除正在编辑的排序条件。单击"复制条件"按钮,可复制正在编辑的排序条件。单击"上移"按钮 或"下移"按钮 ,可调整排序条件的先后顺序。

在"排序"对话框中单击"选项"按钮,可打开"排序选项"对话框,如图4-61所示。在该对话框中可设置是否区分大小写、排序方向及排序方式。

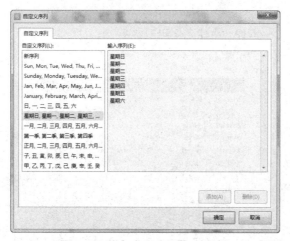
图4-60 "自定义序列"对话框

图4-61 "排序选项"对话框

8. 数据筛选

数据筛选用于在表格中快速找出符合条件的数据,数据区域中会显示符合筛选条件的数据,并隐藏不符合条件的数据。

(1)启动和关闭筛选功能

可用下列方法启动筛选功能:
① 在"数据"选项卡中单击"自动筛选"按钮 。
② 在"开始"选项卡中单击"自动筛选"按钮 。
③ 在"开始"选项卡中单击"筛选"下拉按钮 ,打开下拉菜单,在下拉菜单中选择"筛选"命令。
④ 按【Ctrl+Shift+L】组合键。

启动筛选功能后,再次执行上述操作可关闭筛选功能。

选中数据区域任意单元格时,会自动选中整个连续的数据区域,区域第一行会显示筛选按钮 ,选中区域后则在选中区域的第一行显示筛选按钮。单击筛选按钮可打开筛选选项窗格,如图4-62所示。

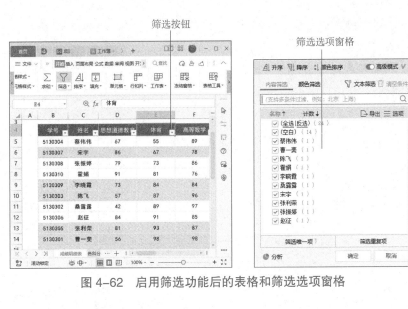

图 4-62 启用筛选功能后的表格和筛选选项窗格

（2）按内容筛选

WPS 默认在筛选选项窗格中显示"内容筛选"选项卡，选项卡的"名称"列表列出了数据区域包含的不重复的数据项名称，每个数据项后面的括号中显示了对应数据项的重复项数量。勾选"（全选）"复选框时，可在工作表中显示全部数据项，否则只显示选中的数据项。

在"名称"列表上方的查找文本框中输入关键词，WPS 可自动在数据项列表中筛选出与之匹配的数据项。

勾选要显示的数据项名称后，单击"确定"按钮关闭筛选选项窗格，应用筛选。单击筛选选项窗格之外的任意位置，或单击"取消"按钮，或者按【Esc】键，可关闭筛选选项窗格，不应用筛选设置。

（3）按颜色筛选

若数据区域中的文本设置了颜色，可使用颜色来执行筛选。在筛选选项窗格中，将鼠标指针指向"颜色筛选"按钮，可显示"颜色筛选"选项卡，如图 4-63 所示。单击颜色按钮，可在数据区域中显示对应颜色的数据项，其他颜色的数据项会被隐藏。再次单击同一个颜色按钮，可取消颜色筛选。

（4）文本筛选

当数据区域包含文本数据时，可使用文本筛选功能。文本筛选可按文本比较结果来执行筛选操作。在筛选选项窗格中单击"文本筛选"按钮，可打开文本筛选方式菜单，如图 4-64 所示。在菜单中选择筛选方式命令后，可在"自定义自动筛选方式"对话框中进一步设置筛选条件，如图 4-65 所示。

图 4-63 "颜色筛选"选项卡

图 4-64 文本筛选方式菜单

图 4-65 "自定义自动筛选方式"对话框

在"自定义自动筛选方式"对话框的左侧下拉列表框中,可选择文本比较方式。在对话框右侧的下拉列表框中可输入具体的值,或者从下拉列表框中选择数据区域包含的数据项。设置完筛选条件后,单击"确定"按钮应用筛选条件。

（5）数字筛选

当数据区域中的数据为数字时,可以使用数字筛选功能。数字筛选可按数字比较结果执行筛选操作。在筛选选项窗格中单击"数字筛选"按钮,可打开数字筛选方式菜单,如图 4-66 所示。在菜单中选择筛选方式命令后,可在"自定义自动筛选方式"对话框中进一步设置筛选条件,如图 4-67 所示。

图 4-66 数字筛选方式菜单

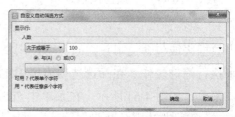
图 4-67 "自定义自动筛选方式"对话框

9. 分类汇总

分类汇总用于计算各类数据的汇总值，如计数、求和、求平均值、求方差等。执行分类汇总的操作步骤如下：

① 对分类字段进行排序。

② 在"数据"选项卡中单击"分类汇总"按钮，打开"分类汇总"对话框，如图4-68所示。

图4-68 "分类汇总"对话框

③ 设置汇总选项。在对话框的"分类字段"下拉列表框中选择用于分类的字段；在"汇总方式"下拉列表框中选择汇总方式；在"选定汇总项"列表框中选择用于执行汇总计算的字段，可选中多个字段执行汇总。勾选"替换当前分类汇总"复选框，可用当前分类汇总替换原有的分类汇总；勾选"每组数据分页"复选框，可对分类结果进行分页，打印时不同分组将打印在不同的页面中；勾选"汇总结果显示在数据下方"复选框时，汇总结果将显示在数据下方，否则将显示在数据上方。单击"全部删除"按钮可删除现有的全部汇总结果。

④ 汇总选项设置完成后，单击"确定"按钮执行分类汇总操作。

⑤ 汇总级别包括1、2、3这3个级别，第1级为总计表，第2级为汇总项目表，第3级为各项明细数据表。WPS默认显示第3级的各项明细数据表。

单击表格左侧的"1"按钮，可只显示总计表，不显示汇总项目和各项明细数据；单击"2"按钮，可显示总计和汇总项目；单击"3"按钮，可显示总计、汇总项和各项明细数据。图4-69分别展示了3种汇总级别对应的数据汇总结果。

图4-69 3种汇总级别对应的数据汇总结果

单击表格左侧的"-"按钮，可隐藏该级别的明细数据，单击"+"按钮可显示该级别的明细数据。

10. 打印表格

默认情况下，WPS 会打印工作表中的打印区域，在未设置打印区域时默认打印工作表的全部内容。

设置打印区域的方法如下：

① 选中要打印的表格区域，在"页面布局"选项卡中单击"打印区域"按钮。

② 选中要打印的表格区域，在"页面布局"选项卡中单击"打印区域"下拉按钮，然后在下拉菜单中选择"设置打印区域"命令。

在工作表中，打印区域的边框显示为虚线。若要取消打印区域，可在"页面布局"选项卡中单击"打印区域"下拉按钮，然后在下拉菜单中选择"取消打印区域"命令。

（1）设置打印标题

打印标题指打印在每个页面顶部或者左侧的数据。打印在页面顶端的数据称为标题行，可以是单行或多行数据。打印在页面左侧的数据称为标题列，可以是单列或多列数据。

设置打印标题的方法为在"页面布局"选项卡中单击"打印标题"按钮，打开"页面设置"对话框的"工作表"选项卡，如图 4-70 所示。在"顶端标题行"文本框中，可输入标题行的地址，如单行地址"$1:$1"、多行地址"$1:$2"等。在"左端标题列"文本框中，可输入标题列的地址，如单列地址"$A:$A"、多列地址"$A:$B"等。也可以先单击文本框右侧的折叠按钮，然后在表格中单击或拖动鼠标选择标题行或标题列。

（2）设置页眉和页脚

通常，可在页眉和页脚中设置表格名称、页码等附加的信息。设置页眉和页脚的方法为：在"页面布局"选项卡中单击"页眉页脚"按钮，打开"页面设置"对话框的"页眉/页脚"选项卡，如图 4-71 所示。

图 4-70 "工作表"选项卡

图 4-71 "页眉/页脚"选项卡

在"页眉"下拉列表框中可选择预定义的页眉,也可以单击"自定义页眉"按钮打开"页眉"对话框自定义页眉内容。在"页脚"下拉列表框中可选择预定义的页脚,也可以单击"自定义页脚"按钮打开"页脚"对话框自定义页脚内容。

勾选"奇偶页不同"复选框后,可分别为奇数页码和偶数页码的页面定义不同的页眉和页脚。勾选"首页不同"复选框时,单击"自定义页眉"(或"自定义页脚")按钮,在"页眉"(或"页脚")对话框的"首页页眉"(或"首页页脚")选项卡中,设置首页的页眉(或页脚)。

(3)预览和打印

在"页面布局"选项卡中单击"打印预览"按钮,可切换到打印预览视图,如图4-72所示。打印预览视图显示页面的实际打印效果。在预览视图中,可进一步设置纸张大小、打印方向、页边距、页眉、页脚等。默认情况下,按打印区域的实际尺寸进行打印,即无打印缩放。在"打印缩放"下拉列表框中,可选择将整个工作表、所有列或者所有行打印在一页。在"打印预览"选项卡中单击"直接打印"按钮,可执行打印操作。

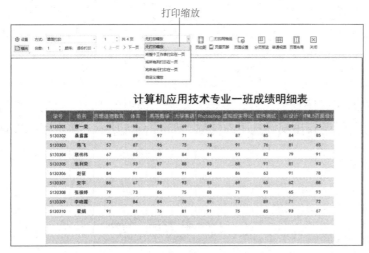

图 4-72 打印预览视图

任务实现

根据上述知识可以完成学生成绩表的排序、筛选及打印操作。

1. 成绩排序

首先选中数据区域需要排序列中的任意单元格,选择"排序"下拉按钮中的"降序"命令,打开图4-73所示的对话框。

选择"扩展选定区域"选项,单击"排序"按钮,按照某一科目排序,如图4-74所示。

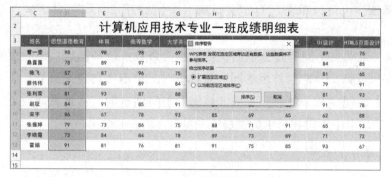

图 4-73 成绩排序

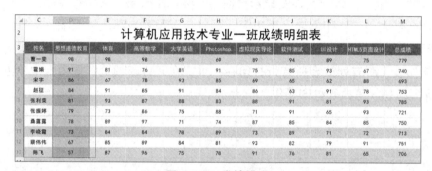

图 4-74 成绩排序

2. 成绩筛选

选中数据区域任意单元格,单击"开始"选项卡中的"筛选"按钮。这样就会在第二行的标题行出现筛选下拉按钮,如图4-75所示。单击下拉按钮,弹出对话框如图4-76所示。

图 4-75 成绩筛选

图 4-76 成绩筛选设置对话框

在此对话框中,可以选择前十项或者高于平均值、低于平均值按钮,单击"前十项"按钮,在弹出的对话框中输入最大 5 项,单击"确定"按钮,效果如图 4-77 所示。

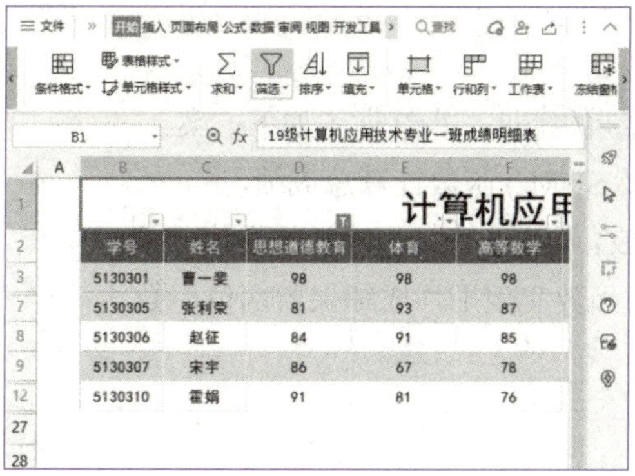

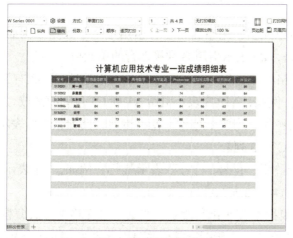

图 4-77 成绩筛选效果

3. 成绩打印

完成数据的排序、筛选之后可以根据需要设置打印,单击"文件"→"打印"→"打印预览",显示界面 4-78 所示。

图 4-78 打印预览

根据预览结果调整需要打印的区域,完成设置之后单击"打印"按钮进行打印输出。

任务3 函数使用——统计班级成绩表

需求分析

小红在完成表格格式设置、成绩录入之后,接下来需要对班级成绩进行统计,首先在了解表格的绝对应用和相对引用后,开始使用公式计算学生总成绩、平均成绩等。

方案设计

为完成对班级成绩的统计,小红做了如下方案:
- 利用相对引用及 SUM() 函数计算总成绩。
- 利用 AVERAGE() 函数计算每位同学的平均成绩。
- 使用 ROUND() 函数实现平均成绩保留两位小数。

相关知识

1. 单元格引用

单元格引用指通过单元格地址或单元格区域地址使用指定单元格中的数据。单元格引用方式可分为相对引用、绝对引用和混合引用。

(1)相对引用

单元格地址只使用列名和行号进行引用的方式称为相对引用。相对引用可使用下列几种格式:

① 引用单个单元格:用单元格名称引用单个单元格。例如,A1 表示引用 A 列第 1 行的单元格,B2 表示引用 B 列第 2 行的单元格。

② 引用单元格区域:用"区域左上角单元格地址:区域右下角单元格地址"表示单元格区域。例如,A1:C3 表示引用 A1 到 C3 包围的区域。

③ 引用整列:用"列名:列名"表示整列。例如,A:A 表示引用 A 列,A:C 表示引用 A、B、C 这 3 列。

④ 引用整行:用"行号:行号"表示整行。例如,1:1 表示引用第 1 行,2:4 表示引用第 2、3、4 这 3 行。

相对引用可根据位置变化而改变。当某一单元格把公式复制到其他单元格中时,行或列的引用会改变。所谓行或列的引用会改变,即指代表行的数字和代表列的字母会根据实际的偏移量相应改变。例如:D5 单元格输入公式 =A1,当拖动向下填充公式到 D6、D7 单元格的时,D6、D7 单元格公式会依次变成 =A2、=A3。

(2)绝对引用

在单元格地址的列名和行号前都加上"$"符号的引用方式称为绝对引用,绝对引用不会因为位置变化而改变。例如,公式"=SUM($A$1:$C$3)"表示计算 A 列第 1 行到 C 列第 3 行区域中单元格的和,复制该公式时,其引用范围不会发生变化。

视频
单元格引用

（3）混合引用

混合使用相对引用和绝对引用的引用方式称为混合引用。例如，公式"=SUM($A1:C$3)"就为混合引用。

2. 使用函数

（1）编辑公式

公式是单元格中以"="开始，由单元格地址、运算符、数字及函数等组成的表达式，单元格中会显示公式的计算结果。

在输入公式时，可在单元格或编辑框中编辑公式。在需要输入单元格地址时，可单击对应单元格或拖动鼠标指针选择单元格区域，将对应单元格地址添加到公式中。如果是修改原有的单元格地址，可先在公式中选中该地址，然后单击其他的单元格或拖动鼠标指针选择单元格区域，用新单元格地址替换公式中的原有地址。

默认情况下，单元格显示公式的计算结果。可单击"公式"选项卡中的"显示公式"按钮，切换显示公式与计算结果。

（2）使用函数

函数用于在公式中完成各种复杂的数据处理。例如，SUM() 函数用于计算指定单元格的和，LEN() 函数用于计算文本字符串中的字符个数。

WPS 中的函数可分为下列类型：

• 财务函数：用于执行与财务相关的计算。例如，ACCRINT() 函数用于返回到期一次性付息有价证券的应计利息。

• 日期和时间函数：用于执行与日期和时间相关的计算。例如，HOUR() 函数用于返回时间中的小时数值，MONTH() 函数用于返回日期中的月份数值。

• 数学和三角函数：用于执行与数学和三角函数相关的计算。例如，ABS() 函数用于返回给定数字的绝对值，ASIN() 函数用于返回给定参数的反正弦值。

• 统计函数：对数据执行统计分析。例如，MAX() 函数用于返回一组数据中的最大值。

• 查找与引用函数：用于执行与查找或引用相关的计算。例如，MATCH() 函数用于返回在指定方式下与指定项匹配的数组元素中元素的相应位置。

• 数据库函数：将单元格区域作为数据库来执行相关计算。例如，DSUM() 函数用于返回数据库中符合条件记录的数字字段的和。

• 文本函数：用于对文本字符串执行相关计算。例如，LEFT() 函数用于返回文本字符串从第一个字符开始的指定个数的字符。

• 逻辑函数：用于执行逻辑运算。例如，IF() 函数用于在给定条件成立时返回一个值，条件不成立时返回另一个值。

- **信息函数**：用于获取数据的相关信息。例如，TYPE() 函数用于返回数据的类型。
- **工程函数**：用于执行与工程相关的计算。例如，IMSUM() 函数用于计算复数的和。

在编辑公式时，可以直接输入函数，也可以通过选项卡或菜单来插入函数。这里以求和函数为例，介绍插入函数的方法如下：

- 单击"开始"选项卡中的"求和"下拉按钮 求和▼，打开函数下拉菜单，从下拉菜单中选择"求和""平均值""计数""最大值""最小值"命令，插入相应的函数。
- 单击"公式"选项卡中编辑栏右侧的"插入函数"按钮，打开"插入函数"对话框，如图 4-79 所示。可在对话框的"查找函数"文本框中输入函数的名称或描述信息来查找函数，或者在"或选择类别"下拉列表框中选择函数类别，然后在"选择函数"列表框中选中要插入的函数，最后单击"确定"按钮完成函数插入。也可以单击"开始"选项卡中的"求和"下拉按钮 求和▼，在下拉菜单中选择"其他函数"命令，打开"插入函数"对话框。
- 单击"公式"选项卡中的函数类别按钮，打开相应函数列表，可在列表中选择插入函数。

当单元格中已经输入了函数或者在编辑公式时选中了函数，在函数下拉菜单中选择"其他函数"命令时，会打开"函数参数"对话框，如图 4-80 所示。

图 4-79 "插入函数"对话框

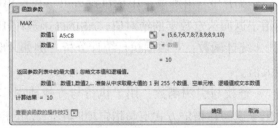

图 4-80 "函数参数"对话框

"函数参数"对话框中的"数值 1"和"数值 2"文本框用于输入函数参数，函数参数可以是常量、单元格地址、单元格区域地址或其他函数。可以在对话框中直接输入单元格地址或单元格区域地址；也可先单击文本框右侧的折叠按钮，然后在表格中单击单元格或者拖动鼠标选择单元格区域，将对应单元格地址插入对话框中。

3. 条件函数

条件函数主要包括 IF()、SUMIF()、COUNTIF()、SUMIFS()、COUNTIFS() 函数，主要根据条件的取值为真或者假值，进一步执行相应的功能。IF() 函数有三个参数，第一个参数是条件；第二个是参数符合条件（真值）返回的结果；第三个参数是不符合条件（假值）返回的结果，具体设置页面如图 4-81 所示。

需要注意的是，输入的真值和假值如果是文本，需要用英文双引号引起来，否则会出现 #NAME? 错误，如图 4-82 所示。

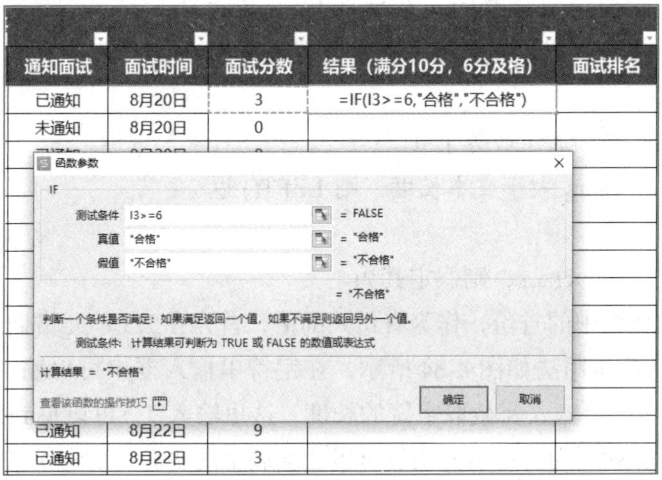

图 4-81 IF() 函数使用说明

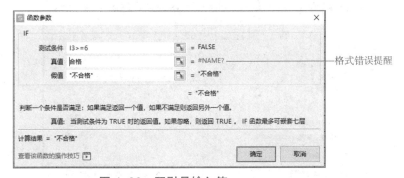

图 4-82 双引号输入值

SUMIF() 函数可以对报表范围中符合指定条件的值求和。表格中 SUMIF() 函数的用法是根据指定条件对若干单元格、区域或引用求和。COUNTIF() 函数的作用是计算区域中满足给定条件的单元格的个数。在实际工作中，有可能遇到多条件求和场景，可以使用 SUMIF() 函数，SUMIFS() 函数为多条件求和，条件个数可以设置多个，如图 4-83 所示。

COUNTIFS() 为多条件统计个数，可以设置多个条件对要统计的区域进行个数统计。

4. 文本函数

文本函数主要有 LEFT()、MID()、RIGHT() 等函数，分别表示获取指定区域左侧、中间、右侧指定的字符长度，下面以 LEFT() 函数为例详细说明。LEFT() 函数具体格式如 LEFT(text,num_chars)，其中 text 是包含要提取字符的文本字符串，num_chars 指定要由 LEFT 所提取的字符数，需要注意的是有以下几点：

- num_chars 必须大于或等于 0。
- 如果 num_chars 大于文本长度，则 LEFT() 返回所有文本。
- 如果省略 num_chars，则假定其为 1。

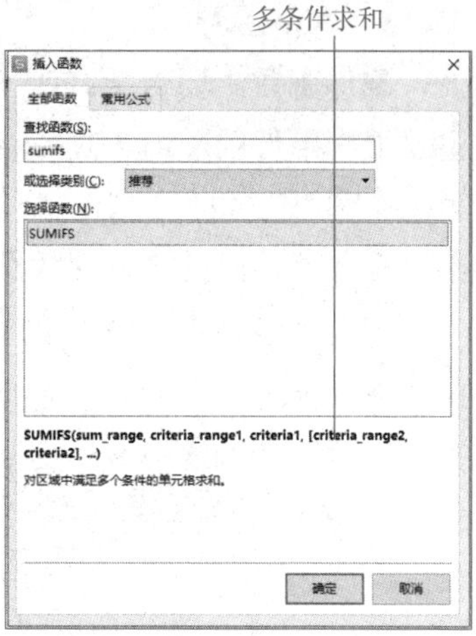

图 4-83　SUMIFS() 函数

如获取地址列中的省份，作为省份列的值，首先在 D3 单元格插入函数，输入 LEFT() 函数，具体用法如图 4-84 所示，在字符串输入框中可以输入 C3，或者单击 C3 单元格均可；输入要截取字符的长度，这里输入 3，可以见到已经成功获取到省份，在省份列利用自动填充功能可以获取剩余的所有行的省份。

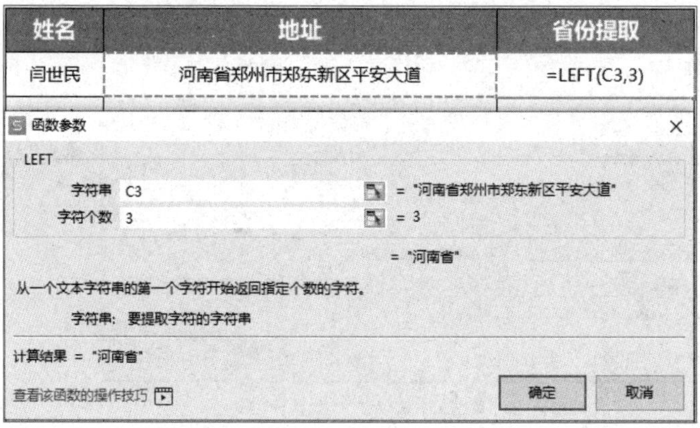

图 4-84　LEFT() 函数

5. 时间间隔函数

日常处理有关日期间隔计算场景时，可以使用 DATEDIF() 函数来处理，DATEDIF() 主要用于计算两个日期之间的天数、月数或年数。其返回的值是两个日期之间的年、月、日间隔数。语法如下：DATEDIF(Start_Date,End_Date,Unit)，Start_Date：为一个日期，它代表时间段内的第一个日期或起始日期；End_Date：

为一个日期,它代表时间段内的最后一个日期或结束日期;Unit:为所需信息的返回类型,Unit 参数取值如表 4-1 所示。

表 4-1　Unit 参数取值

序号	参　　数
1	"Y":计算两个日期间隔的年数
2	"M":计算两个日期间隔的月份数
3	"D":计算两个日期间隔的天数
4	"YD":忽略年数差,计算两个日期间隔的天数
5	"MD":忽略年数差和月份差,计算两个日期间隔的天数
6	"YM":忽略年数差,计算两个日期间隔的月份数

利用 DATEDIF() 函数来计算项目周期(天数),首先打开需要计算的工作簿,选中项目周期 C2 单元格,单击"公式"选项卡中的"插入函数"按钮,打开"函数参数"对话框,输入 DATEDIF 即可在下方"选择函数"列表框中选择 DATEDIF() 函数,选择该函数后弹出对话框如图 4-85 所示,在开始日期(Start_Date)选择 A2 单元格,切换到终止日期(End_Date),选择 B2 单元格即可完成开始与终止日期的取值,在比较单位(Unit)中输入"D",单击"确定"按钮,计算出项目周期(天数),如果项目周期需要月数或者年数为单位,需要修改比较单位"M"或"Y"即可,如图 4-85 所示。

图 4-85　DATEDIF() 函数应用

6. 四舍五入函数

WPS 表格中,如需要对数值进行四舍五入,可以使用 ROUND() 函数来处理,

ROUND() 函数的功能是返回指定位置取整后的数字。该函数包含 2 个参数：第一个参数是需要四舍五入的数值；第二个参数是需要保留小数的位数，如果该参数为正数，则对小数位数进行四舍五入计算，若是小数位数为 0 则直接对数值取整，如果参数为负数，则对整数部分进行四舍五入。

利用 ROUND() 函数对学生平均成绩进行保留两位的四舍五入计算，首先选中 F2 单元格，选择"公式"选项卡，单击"插入函数"按钮，打开"插入函数"对话框，选择 ROUND() 函数，如图 4-86 所示，数值输入框选择 E2 单元格确定数值取值，在小数位数输入框中输入 2，保留两位小数，最后单击"确定"按钮完成平均成绩四舍五入的计算，如图 4-86 所示。

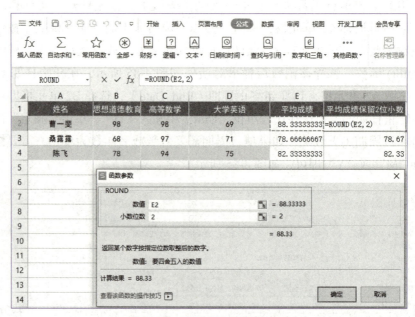

图 4-86 ROUND() 函数应用

WPS 中与 ROUND() 函数类似的函数还有 ROUNDUP() 和 ROUNDDOWN() 函数，这两个函数的主要功能是向上和向下取整，这两个函数仅仅对数值按照指定要求截断，不执行四舍五入操作。

任务实现

完成班级成绩总成绩的计算及平均成绩的计算。

1. 计算总成绩

根据任务 1 录入的班级学生成绩计算总成绩，在最后一列增加总成绩列，利用 SUM() 函数完成总成绩的计算，如图 4-87 所示。

学习笔记

计算机应用技术专业一班成绩明细表

姓名	思想道德教育	体育	高等数学	大学英语	Photoshop	虚拟现实导论	软件测试	UI设计	HTML5页面设计	总成绩
曹一斐	98	98	98	69	69	89	94	89	75	779
桑露露	78	89	97	71	74	87	85	84	85	750
陈飞	57	87	96	75	78	91	76	81	65	706
蔡伟伟	67	85	89	84	81	93	82	79	91	751
张利荣	81	93	87	88	83	88	91	81	93	785
赵征	84	91	85	91	84	86	63	91	78	753
宋宇	86	67	78	93	85	69	65	62	88	693
张振婷	79	73	86	75	88	71	91	65	93	721
李晓霞	73	84	84	78	89	73	89	71	72	713
霍娟	91	81	76	81	91	75	85	93	67	740

图 4–87　计算总成绩

2. 计算平均成绩

根据每位学生的成绩来计算每位同学的平均成绩，利用 AVERAGE() 函数完成每位学生的平均成绩，如图 4-88 所示。

计算机应用技术专业一班成绩明细表

姓名	思想道德教育	体育	高等数学	大学英语	Photoshop	虚拟现实导论	软件测试	UI设计	HTML5页面设计	总成绩	平均成绩
曹一斐	98	98	98	69	69	89	94	89	75	779	86.56
桑露露	78	89	97	71	74	87	85	84	85	750	83.33
陈飞	57	87	96	75	78	91	76	81	65	706	78.44
蔡伟伟	67	85	89	84	81	93	82	79	91	751	83.44
张利荣	81	93	87	88	83	88	91	81	93	785	87.22
赵征	84	91	85	91	84	86	63	91	78	753	83.67
宋宇	86	67	78	93	85	69	65	62	88	693	77.00
张振婷	79	73	86	75	88	71	91	65	93	721	80.11
李晓霞	73	84	84	78	89	73	89	71	72	713	79.22
霍娟	91	81	76	81	91	75	85	93	67	740	82.22

图 4–88　计算平均成绩

任务4　图表制作——制作班级成绩图表

需求分析

小红进一步对班级学生成绩进行分析与统计，为了直观地显示出每科目的成绩情况，小红利用 WPS 创建图表，完成数据的直观展示。

方案设计

- 熟悉 WPS 图表的类型与表现方式。
- 选择合适的图表展示科目统计信息。

相关知识

1. 图表分类

WPS 中的图表可分为柱形图、折线图、饼图、条形图、面积图、散点图、股价图、雷达图、组合图等类型。

（1）柱形图类

柱形图主要用于显示随时间而变化的数据或者各项目的对比情况。柱形图的 x 轴通常显示类别数据，y 轴显示数值。柱形图类包含簇状柱形图、堆积柱形图和百分比堆积柱形图 3 种图形。

（2）折线图类

折线图主要用于显示随时间而变化的连续数据、展示数据趋势。折线图的 x 轴通常显示类别数据，y 轴显示数值。折线图类包含折线图、堆积折线图、百分比堆积折线图、带数据标记的折线图、带数据标记的堆积折线图和带数据标记的百分比堆积折线图 6 种图形。

（3）饼图类

饼图主要用于显示一个数据系列中各项数据的大小与总和之间的比例关系。饼图类包含饼图、三维饼图、复合饼图、复合条饼图和圆环图 5 种图形。

（4）条形图类

条形图相当于旋转 90° 的柱状图，主要用于显示各项目之间的对比情况。条形图的 x 轴通常显示数值，y 轴显示类别数据。条形图类包含簇状条形图、堆积条形图和百分比堆积条形图 3 种图形。

（5）面积图类

面积图主要用于显示数量随时间变化的程度或变化趋势。面积图类包含面积图、堆积面积图和百分比堆积面积图 3 种图形。

（6）散点图类

散点图主要用于显示和对比离散数据。散点图类包含散点图、带平滑线和数据标记的散点图、带平滑线的散点图、带直线和数据标记的散点图、带直线的散点图、气泡图和三维气泡图 7 种图形。

（7）股价图类

股价图主要用于显示股价变化。股价图类包含盘高—盘低—收盘图、开盘—盘高—盘低—收盘图、成交量—盘高—盘低—收盘图和成交量—开盘价—盘高—盘低—收盘图 4 种图形。

（8）雷达图类

雷达图用于显示各系列数据相对于中心的变化情况。雷达图类包含雷达图、带数据标记的雷达图和填充雷达图 3 种图形。

（9）组合图类

组合图指用前面 8 种基本图形组合构成的图形。

2. 创建图表

准备好用于创建图表的数据表格后，即可开始创建图表。可使用下列方法创建图表：

① 选中用于创建图表的数据区域，按【Alt+F1】组合键插入柱形图。

② 选中用于创建图表的数据区域，在"插入"选项卡中单击"全部图表"下拉按钮，打开下拉菜单，在下拉菜单中选择"全部图表"命令，打开"图表"对话框。在对话框中单击要使用的图表，完成图表插入。

③ 选中用于创建图表的数据区域，在"插入"选项卡中单击"全部图表"下拉按钮，打开下拉菜单，在下拉菜单的"在线图表"子菜单中单击要使用的图表，完成图表插入。

④ 选中用于创建图表的数据区域，在"插入"选项卡中单击"插入柱形图""插入条形图"等下拉按钮，打开图表下拉菜单，在下拉菜单中单击要使用的图表，完成图表插入。

图 4-89 所示为工作表中插入的柱形图。

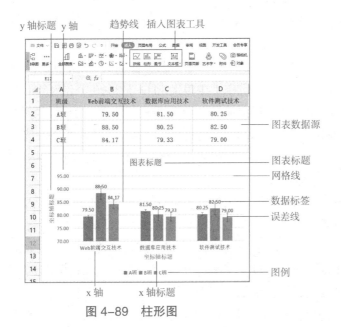

图 4-89 柱形图

图表由各种图表元素组成，不同类型的图表，其构成有所不同。常见的图表元素如下：

① 图表区：整个图表所在的区域。

② 绘图区：绘制图形和网格线的区域。

③ 数据源：用于绘制图形的数据。

④ 坐标轴：包括横坐标轴（x 轴）和纵坐标轴（y 轴）。WPS 允许图表最多包含 4 条坐标轴：主横坐标轴、主纵坐标轴、次横坐标轴和次纵坐标轴。通常，x

轴显示数据系列,数据源的中每一列为一个系列;y 轴显示数值。

⑤ 轴标题:x 轴和 y 轴的名称。x 轴标题默认显示在 x 轴下方,y 轴标题默认显示在 y 轴左侧。

⑥ 图表标题:图表的名称,默认显示在图表顶部居中位置。

⑦ 数据标签:用于在图表中显示源数据的值。

⑧ 数据表:在 x 轴下方显示的数据表格。

⑨ 误差线:用于在图形顶端显示误差范围。

⑩ 网格线:与坐标轴刻度对齐的水平或垂直网格线,用于对比数值大小。

⑪ 图例:用颜色标明图表中的数据系列。

⑫ 趋势线:根据数值变化趋势绘制的预测线。

3. 编辑数据透视表

(1)更改图表类型

WPS 允许更改现有图表的类型,更改图表类型操作与插入图表操作类似。更改图表类型的方法如下:

① 选中图表,在"插入"选项卡中单击"全部图表"下拉按钮,打开下拉菜单,在下拉菜单中选择要使用的图表,完成图表类型更改;或选择"全部图表"命令,打开"插入图表"对话框,在对话框中单击要使用的图表,完成图表类型更改。

② 选中图表,在"插入"选项卡中单击"插入柱形图""插入条形图"等下拉按钮,打开图表下拉菜单,在下拉菜单中选择要使用的图表,完成图表类型更改。

③ 选中图表,在"图表工具"选项卡中单击"更改类型"按钮,打开"更改图表类型"对话框。在对话框中选中要使用的图表,单击"插入"按钮更改图表类型。

(2)修改数据源

在工作表中修改或删除图表数据源中的数据时,图表会自动更新。

要更改图表的数据源,可通过"编辑数据源"对话框来进行。选中图表后,在"图表工具"选项卡中单击"选择数据"按钮;或者右击图表,在弹出的快捷菜单中选择"选择数据"命令,打开"编辑数据源"对话框,如图 4-90 所示。

在"编辑数据源"对话框中可进行如下操作:

① 更改图表数据区域。在对话框的"图表数据区域"文本框中,可修改数据区域地址。可单击文本框,然后在表格中拖动鼠标指针选择数据区域,选中的数据区域地址会自动插入文本框。

② 更改系列生成方向。在对话框的"系列生成方向"下拉列表框中,可选择将数据源中的行或列作为系列。

③ 更改系列。在对话框的"系列"列表框中,被选中的系列会在图表中显示,未被选中的则不显示。单击"编辑"按钮,可修改系列;单击"添加"按钮,可添加系列;单击"删除"按钮,可删除选中的系列。

图 4-90 "编辑数据源"对话框

④ 更改类别。在对话框的"类别"列表框中,被选中的类别会在图表中显示,未被选中的则不显示。

⑤ 高级设置。在对话框中单击"高级设置"按钮,可显示或隐藏高级设置选项。高级设置选项包括空单元格显示格式和是否显示隐藏行列中的数据。

(3)添加或删除图表元素

为图表添加或删除图表元素的方法如下:

① 在图表中选中图表元素,按【Delete】键可将其删除。

② 右击图表元素,在弹出的快捷菜单中选择"删除"命令将其删除。

③ 选中图表,然后在"图表工具"选项卡中单击"添加元素"下拉按钮,打开添加元素下拉菜单。可在下拉菜单中对应图表元素的子菜单中选择命令实现添加或删除图表元素。

④ 选中图表,然后单击"图表元素"功能按钮,打开图表元素功能面板,如图 4-91 所示。在面板中勾选图表元素复选框,可将对应元素添加到图表中;取消勾选对应复选框,可从图表中删除对应图表元素。

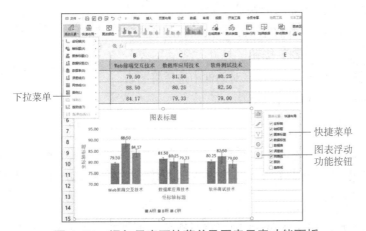

图 4-91 添加元素下拉菜单及图表元素功能面板

(4)更改图表样式和布局

选中图表后,将鼠标指针指向"图表工具"选项卡预设样式列表中的样式,可预览样式效果;在预设样式列表中单击样式,可将其应用到图表。

单击"图表元素"功能按钮,打开图表元素功能面板。在面板中单击"快速布局"按钮,显示"快速布局"选项卡,单击其中的样式可更改图表布局。

图 4-92 展示了"图表工具"选项卡中的预设样式列表和"图表元素"功能面板中的"快速布局"选项卡。

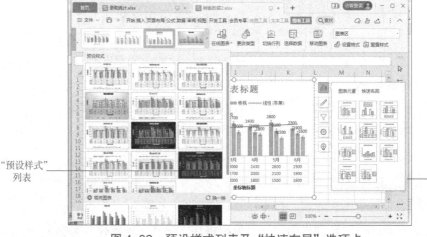

"预设样式"列表　　　　　"快速布局"选项卡

图 4-92　预设样式列表及"快速布局"选项卡

(5)移动图表

可用下列方法移动图表:

① 在图表空白位置按住鼠标左键拖动。

② 选中图表,按【Ctrl+X】组合键剪切图表,然后单击放置图表的新位置,再按【Ctrl+V】组合键粘贴图表。图表的新位置可以在同一个工作表或其他工作表中。

③ 右击图表,在弹出的快捷菜单中选择"移动图表"命令,或者在选中图表后,单击"图表工具"选项卡中的"移动图表"按钮,打开"移动图表"对话框,如图 4-93 所示。可以在对话框中选择将图表移动到现有的工作表或新工作表中。

图 4-93　"移动图表"对话框

(6)调整图表大小

选中图表后,图表的 4 个角和上、下边框中部会显示调整按钮,将鼠标指针指向调整按钮,在鼠标指针变为双向箭头时按住鼠标左键拖动,即可调整图表大小。

(7)删除图表

选中图表后,按【Delete】键可将其删除。也可右击图表空白位置,在弹出的快捷菜单中选择"删除"命令删除图表。

任务实现

根据班级学生数据创建图表，首先增加工作表"各科分析表"，添加各科目的图表，设置相应的数据源即可，如图 4-94 所示。

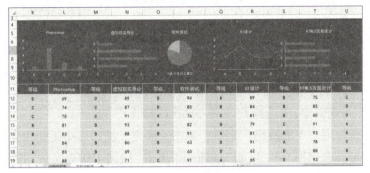

图 4-94　学生成绩统计表

任务5　审阅与安全——保护班级成绩

需求分析

小红在录入成绩、统计分析、图表展示完毕之后，为了保证数据不被人修改，需要采取一定的保护措施。

方案设计

- 采用密码保护整个工作簿。
- 使用锁定单元格功能保护工作表中某些列不能被修改。
- 通过加密文档方式保证整个文档的安全。

相关知识

1. 保护工作簿

工作簿保护功能允许使用密码保护工作簿的结构不被更改，如添加、删除、移动工作表等。

在"审阅"选项卡中单击"保护工作簿"按钮，打开"保护工作簿"对话框，输入密码，单击"确定"按钮，在"确认密码"对话框中再次输入密码，单击"确定"按钮，即可启用工作簿保护功能。

要撤销工作簿保护，在"审阅"选项卡中单击"撤消工作簿保护"按钮，打开"撤消工作簿保护"对话框，输入密码，单击"确定"按钮即可。

2. 保护工作表

工作表保护功能可以保护锁定的单元格，防止工作表中的数据被更改。默认情况下，工作表中的单元格都被锁定，但只有在启用了工作表保护后锁定才能生效。未锁定的单元格，在启用工作表保护后，可以编辑其中的数据。

在"审阅"选项卡中单击"保护工作表"按钮，打开"保护工作表"对话框，如图 4-95 所示。在对话框的"密码"文本框中输入密码，也可以不设置密码。在操作列表框中，可选择允许用户执行的操作，未被勾选的操作用户不能执行。最后，单击"确定"按钮启用工作表保护功能。

图 4-95 "保护工作表"对话框

要撤销工作表保护，在"审阅"选项卡中单击"撤销工作表保护"按钮，打开"撤销工作表保护"对话框，输入密码，单击"确定"按钮即可。

3. 设置文档权限

设置文档权限功能可以为文档指定访问账号，非指定账号不能访问文档，打开文档权限对话框有两种途径：

选择"文件"→"文档加密"→"文档权限"命令，打开"文档权限"设置对话框，如图 4-96 所示。

单击"审阅"选项卡中的"文档权限"按钮，打开"文档权限"设置对话框。

图 4-96 设置"WPS 加密文档格式"

在注册为 WPS 会员后，可将文档转换为私密文档，为文档指定访问账号。在"密码加密"对话框中单击"转为私密文档"链接，可打开"文档权限"对话框；也可在"审阅"选项卡中单击"文档权限"按钮来打开"文档权限"对话框。图 4-96 中的文档未启用私密文档保护，单击 按钮可启用私密文档保护。如果文档启用了私密文档保护，单击 按钮可取消私密文档保护。在对话框中单击"添加指定人"按钮，可添加访问文档的账号。

4. 文档加密

文档加密是保护文档的常用方式，可以通过以下两种方法来实现：

① 选择"文件"→"另存为"命令，在"另存文件"对话框中单击"加密"链接，可打开"密码加密"对话框，如图 4-97 所示。在该对话框中为打开权限和编辑权限设置密码，单击"应用"按钮，即可启用文档加密功能。

② 选择"文件"→"文档加密"→"密码加密"命令，打开"密码加密"对话框，完成对文档的加密。

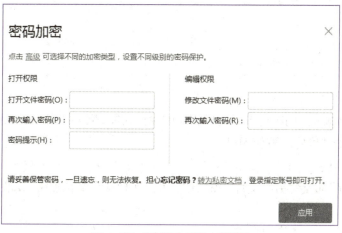

图 4-97 "密码加密"对话框

任务实现

1. 保护工作簿

选择"审阅"选项卡，单击"保护工作簿"按钮，打开"保护工作簿"对话框，可以输入密码，如图 4-98 所示。

图 4-98 保护工作簿

输入保护密码，单击"确定"按钮即可完成对工作簿的保护。

2. 保护工作表

在"审阅"选项卡单击"保护工作表"按钮,打开"保护工作表"对话框,如图4-99所示。

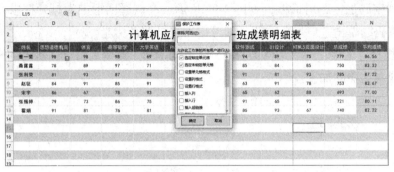

图 4-99 保护工作表

可以输入密码,同时也可以选择相应的保护功能,例如锁定、编辑、删除等功能,完成之后单击"确定"按钮即可。

3. 文档加密

在"保存"或者"另存文件"窗口中,可以实现整个文档加密,如图4-100所示。

图 4-100 "另存文件"窗口

单击"加密"按钮,打开"密码加密"对话框,如图4-101所示。

项目 4　WPS 表格处理

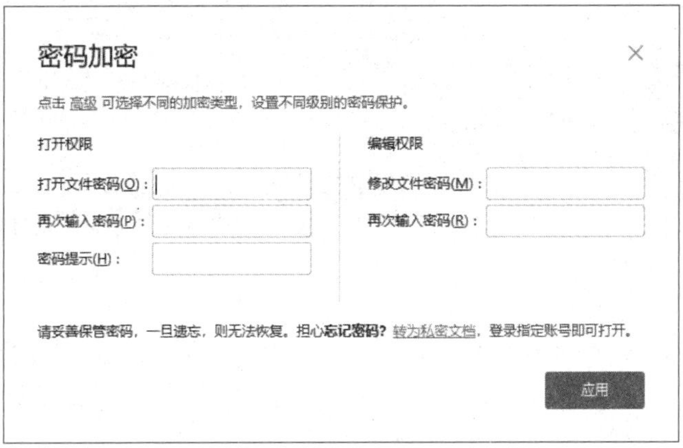

图 4-101　"密码加密"对话框

在"密码加密"对话框中可以输入打开文件的权限密码，同时也可以输入修改权限的密码，完成对整个文档的加密。

拓展练习

一、请扫码完成本项目测试

交互式练习

二、试一试以下操作

收集学校运动会自 2017 年以来的数据，进行数据处理与数据筛选，要求如下：

1. 使用单元格的引用功能统计每个院系的获奖情况（一等奖、二等奖、三等奖）。

2. 请对院系的总体获奖情况（一等奖按 5 分、二等奖按 3 分、三等奖按 1 分）进行计算后再排序。

3. 使用 WPS 表格筛选功能，筛选出总体获奖数值在 80 分以上的院系。

4. 选择适当的方法保护 WPS 表格中的数据，密码采用"12345"。

项目 5　WPS 演示文稿制作

WPS 演示是 WPS 办公软件的一个重要组件，用于制作多媒体演示文稿。本章主要介绍 WPS 演示文稿的基本操作、美化、放映，以及文件输出等。

引导案例

进入大学后，小红参加了大学生职业生涯规划大赛，此大赛需要进行演讲，这就需要制作演示文稿。小红知道用 WPS 演示来制作演示文稿非常合适，然而，作为 WPS 演示的新手，她希望通过简单的操作制作出演示文稿。本章以创建和编辑"大学生职业生涯规划"演示文稿为例，系统讲解使用 WPS 演示创建和编辑演示文稿的知识。

学习目标

- 熟悉 WPS 演示的界面布局和基本设置，能够使用 WPS 演示进行创建演示文稿等基本操作。
- 掌握 WPS 演示常见的编辑方法，能够使用 WPS 演示实现幻灯片的编辑。
- 掌握 WPS 演示中插入对象的基本方法，能够使用 WPS 演示实现文档中的文本框、表格、智能图形、图片、艺术字及多媒体等对象的插入。
- 掌握 WPS 演示深度美化及放映的基本方法，能够使用 WPS 演示实现幻灯片的切换动画、自定义动画等操作，并会应用各种放映方式。
- 掌握 WPS 演示的文件处理方法，能够使用 WPS 演示实现文件加密、文件打包、文件打印等操作。

任务1　建立演示文稿——创建"大学生职业生涯规划"演示文稿

需求分析

小红制作"大学生职业生涯规划"的第一步是使用 WPS 演示创建一个"大学生职业生涯规划"演示文稿。

项目 5　WPS 演示文稿制作

方案设计

使用 WPS 演示创建演示文稿，并使用模板资源库初步美化文稿。初步制作完成后的演示文稿如图 5-1 所示。其相关要求如下：

- 启动 WPS Office 2019 后，使用"年度工作计划总结汇报"模板，新建一个演示文稿。
- 以"大学生职业生涯规划"为文件名，将其保存。

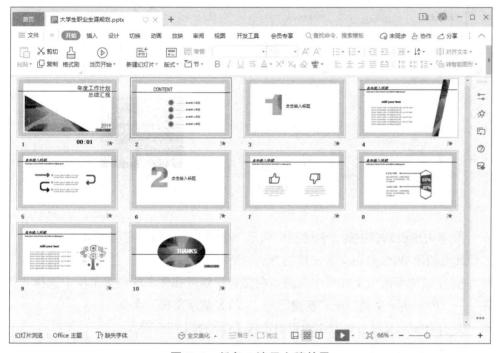

图 5-1　任务 1 演示文稿效果

相关知识

1. 演示文稿的建立

新建演示文稿的步骤如下：

① 在系统"开始"菜单中选择"WPS Office"→"WPS Office"命令启动 WPS。

② 在 WPS 首页的左侧导航栏中单击"新建"按钮，或单击标签栏中的"+"按钮，打开"新建"标签页。在 WPS 主页面中，按【Ctrl+N】组合键也可以打开"新建"选项卡。

③ 在"新建"选项卡中，单击菜单栏中的"P 演示"按钮，显示 WPS 演示模板列表，如图 5-2 所示。

视频

新建演示文稿及应用模板

图 5-2 新建空白演示文稿

④ 单击模板列表中的"新建空白演示"按钮,创建一个空白演示。

其他创建 WPS 空白文字文档的方法如下:

① 在系统桌面或文件夹中右击空白位置,然后在弹出的快捷菜单中选择"新建"→"PPT 演示文稿"或"新建"→"PPTX 演示文稿"命令。

② 打开演示文稿后,在编辑窗口中按【Ctrl+N】组合键。

2. 模板资源库的使用

模板包含了预定义的字体、背景、颜色、位置摆设等的格式和内容(空白演示除外)。用户使用模板创建演示文稿时,只需根据提示填写、修改相应的内容,即可快速创建演示文稿。

WPS 提供了海量的在线模板给用户使用。在启动时,WPS 会提示登录会员账号。在未登录时,可在新建标签中单击左侧的"未登录"按钮,或者单击标题栏右侧的"访客登录"按钮,打开对话框登录 WPS。用户注册账号并登录后即可使用免费模板。收费模板需要用户另行付费。

在"新建"选项卡的模板列表中,单击要使用的模板,可打开模板的预览界面,如图 5-3 所示。单击预览界面右上角的关闭按钮可关闭预览界面。

图 5-3　模板预览

3. 界面布局

WPS 演示文稿窗口主要由功能区、快速访问工具栏、选项卡、编辑区、状态栏等组成，对应位置如图 5-4 所示。

图 5-4　界面布局

- 功能区：选择功能区中的按钮可显示对应的选项卡。
- 快速访问工具栏：包含了保存、输出为 PDF、打印、打印预览、撤销、恢复等常用按钮。单击其中的"自定义快速访问工具栏"按钮，在弹出的下拉列表中可选择需在快速访问工具栏中显示的按钮，或选择下拉列表中的"其他命令"，打开"选项"对话框"快速访问工具栏"选项卡中添加命令。

· 选项卡：提供工具按钮，单击按钮可执行相应的操作。

· 大纲、幻灯片窗格："大纲"选项卡显示演示文稿的大纲文字，"幻灯片"选项卡显示演示文稿的缩略图。

· 编辑区：显示和编辑当前文档。

· 备注栏：显示和编辑演示文稿当前页内容的补充说明。

· 状态栏：显示文档的页面、页数等信息，包含了视图切换和缩放等工具。

· 视图切换工具：单击相应按钮，演示文稿可分别显示为"普通"视图、"幻灯片浏览"视图、"阅读"视图。

· 缩放工具：拖动缩放工具，可改变演示文稿的显示比例。

4. 演示文稿的保存和另存

（1）演示文稿的保存

① 单击快速访问工具栏中的"保存"按钮。

② 选择"文件"→"保存"命令。

③ 按组合键【Ctrl+S】。

保存新文稿时会打开"另存文件"对话框，如图 5-5 所示。此时需要选择保存位置及设定演示文稿名称，WPS 演示文稿保存的默认文件类型为"Microsoft PowerPoint"文件，文件扩展名为".pptx"。本项目演示文稿可命名为"大学生职业生涯规划.pptx"。

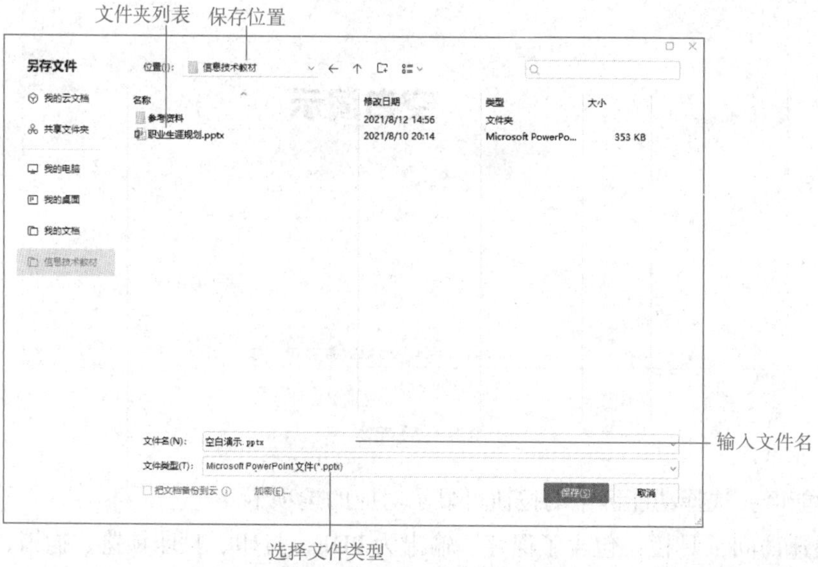

图 5-5 "另存文件"对话框

（2）演示文稿的另存

如果需要其他格式，需要另存演示文稿。方法为选择"文件"→"另存为"命令，打开"另存文件"对话框，如图5-5所示。

"另存文件"对话框左侧列出常用的保存位置，如我的云文档、共享文件夹、我的电脑、我的桌面，我的文档等。

"位置"下拉列表框显示当前保存位置，用户也可从下拉列表或文件夹列表中选择其他的保存位置。

在"文件名"文本框中输入演示文稿名称，在"文件类型"下拉列表框中选择文件类型，常见的可另存为的文件类型为 WPS 演示文件、WPS 演示模板文件、WPS 加密文档格式、PDF 文件格式等。

完成设置后，单击"保存"按钮完成保存操作。

5. 视图应用

WPS 演示文稿有 4 种视图模式：普通视图、幻灯片浏览视图、阅读视图和备注页视图。

（1）普通视图

普通视图用于查看和编辑幻灯片。在"视图"选项卡或"状态栏"中单击"普通视图"按钮，可切换到普通视图，如图5-6所示。

图 5-6　普通视图

此视图下的"大纲/幻灯片"窗格可以对幻灯片进行相应操作，如幻灯片顺序的调整，幻灯片的添加、删除等操作，在编辑区可对幻灯片内容（如图片、文字等）进行编辑。

（2）幻灯片浏览视图

幻灯片浏览视图用于快速浏览幻灯片。在"视图"选项卡或"状态栏"中单击"幻灯片浏览"按钮，可切换到幻灯片浏览视图，如图5-7所示。

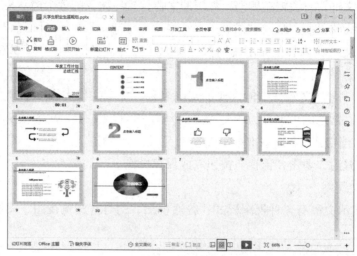

图5-7　幻灯片浏览视图

幻灯片浏览视图下，可对幻灯片的顺序进行调整，也可进行删除、复制幻灯片等操作，但无法对幻灯片具体内容（如文字，图片等）进行编辑。

（3）阅读视图

在"视图"选项卡或状态栏中单击"阅读视图"按钮，可切换到阅读视图，如图5-8所示。

图5-8　阅读视图

阅读视图是在当前窗口中以最大化方式播放幻灯片，用以查看幻灯片实际效果的视图，与放映类似。在此视图下，不可对幻灯片进行相应操作，如幻灯片顺序的调整等，也不可对幻灯片内容（如文字、图片等）进行编辑。

（4）备注页视图

在"视图"选项卡中单击"备注页"按钮，可切换到备注页视图，如图5-9所示。

图5-9 备注页视图

在备注页视图中，可检查演示文稿和备注页一起打印时的外观。每一页都将包括一张幻灯片和演讲者备注，用户可以在此视图中进行备注的编辑。

任务实现

新建一个空白的演示文稿，然后以"大学生职业生涯规划"为文件名，将其保存在"信息技术教材"文件夹内，也可保存于其他位置，如桌面。其具体操作如下：

1. 新建演示文稿

启动WPS Office 2019选择"新建"→"演示"命令，在打开的界面单击搜索框，输入"总结汇报 免费"并按【Enter】键，则搜索结果如图5-10所示。

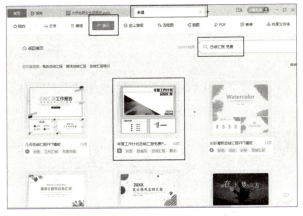

图5-10 新建空白演示文稿

2. 应用模板

单击"年度工作计划总结汇报免费PPT模板"，界面如图5-11所示。在此图中单击"免费下载"按钮。

图 5-11 "年度工作计划总结汇报"PPT 模板

3. 保存演示文稿

保存此演示文稿,名为"大学生职业生涯规划.pptx",如图 5-12 所示。

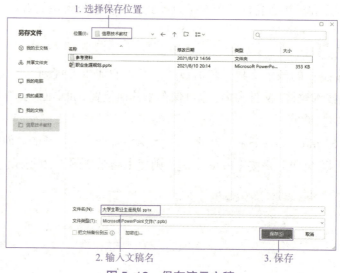

图 5-12 保存演示文稿

任务2 编辑与排版演示文稿——编辑"大学生职业生涯规划"演示文稿内容

需求分析

小红已经创建了"大学生职业生涯规划"的演示文稿,下面需要对此演示文

项目 5　WPS 演示文稿制作

稿进行编辑内容及排版。

方案设计

在任务 1 创建的演示文稿的基础上，使用 WPS 演示编辑演示文稿内容。完善内容后的演示文稿如图 5-13 所示。其相关要求如下：

- 打开任务 1 所建立的"大学生职业生涯规划.pptx"演示文稿。
- 编辑文本、插入艺术字、插入文本框、插入表格、插入图片、插入智能图形、添加编号。
- 保存文档。

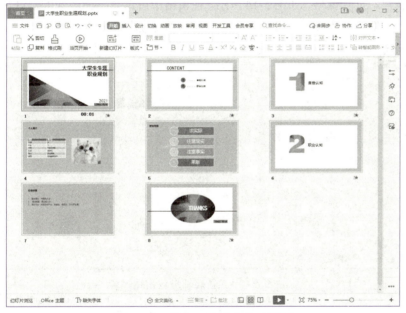

图 5-13　任务 2 演示文稿效果图

相关知识

1. 幻灯片的基本操作

（1）新建幻灯片

新建空白演示文稿时，一般默认只有一个封面页，往往并不能满足实际的编辑需要，因此需要用户手动新建幻灯片，可以使用下列方法添加新的幻灯片：

方法一：直接新建幻灯片。

① 在"开始"或"插入"选项卡中单击"新建幻灯片"按钮，可以在当前幻灯片之后添加一张新幻灯片。

② 将鼠标指针指向幻灯片窗格中的幻灯片，单击幻灯片下方出现的"新建幻灯片"按钮，可在其后添加一张新幻灯片。

视　频

幻灯片的基本操作

③ 在幻灯片窗格中，右击两张幻灯片之间的空白位置，在弹出的快捷菜单中选择"新建幻灯片"命令，可在该位置添加一张新幻灯片。

④ 在幻灯片窗格中单击两张幻灯片之间的空白位置，然后按【Enter】键，在该位置添加一张新幻灯片。

⑤ 在幻灯片窗格中单击两张幻灯片之间的空白位置，然后在"开始"选项卡中单击"新建幻灯片"按钮，可在对应位置添加一张新幻灯片。

方法二：选择版式或模板新建幻灯片。

在新建幻灯片窗格中添加幻灯片。单击幻灯片窗格最下方的"新建幻灯片"按钮，或在"开始"或"插入"选项卡中单击"新建幻灯片"下拉按钮，可打开新建幻灯片窗格，如图 5-14 所示。在窗格中可选择各种版式的幻灯片模板，单击模板，即可在当前幻灯片之后或者指定位置添加幻灯片。

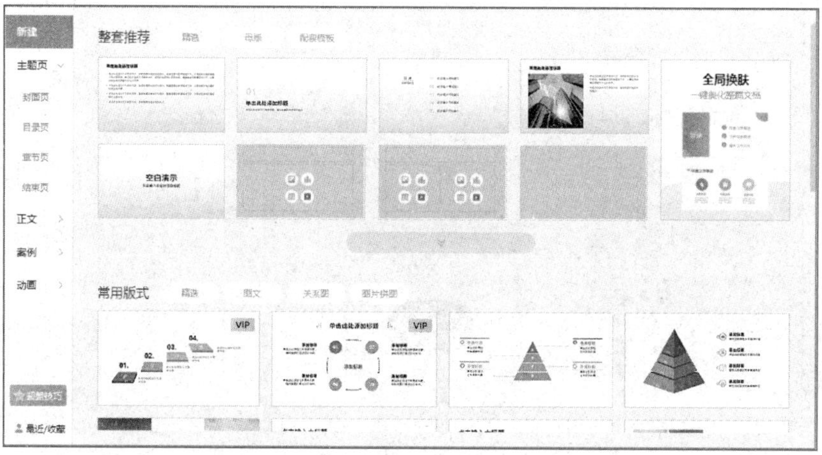

图 5-14　新建幻灯片窗格

（2）更改幻灯片版式

幻灯片版式指幻灯片标题、文本、表格、图片等内容在幻灯片中的布局方式。通常，第一张幻灯片的版式默认为封面幻灯片版式，只包含标题和副标题。从第二张幻灯片开始，新建的幻灯片默认为标题和内容版式。

在"开始"或"设计"选项卡中单击"版式"按钮，或者右击幻灯片，然后在弹出的快捷菜单中选择"版式"命令，可打开版式下拉列表框。在版式下拉列表框中单击要使用的版式，即可将其应用到当前幻灯片或者选中的多张幻灯片中。

因此，选择幻灯片是更改幻灯片版式及编辑幻灯片的前提，选择幻灯片的方法如下：

方法一：选择单张幻灯片。

在"幻灯片"浏览窗格单击幻灯片缩略图即可选择相应幻灯片。

方法二：选择多张幻灯片。

① 选择连续多张幻灯片。在"幻灯片"浏览窗格或"幻灯片"浏览视图中单击需要选择的第 1 张幻灯片，然后按住【Shift】键，再单击要选择的最后一张幻灯片，即可选中这两张幻灯片以及它们之间的全部幻灯片。

② 选择不连续多张幻灯片。按住【Ctrl】键依次单击需要选择的幻灯片，可选择不连续的多张幻灯片。

方法三：选择全部幻灯片。

先单击幻灯片窗格任意位置，再按【Ctrl+A】组合键，可选中全部幻灯片。

（3）移动和复制幻灯片

需要调整某张幻灯片顺序时，可直接移动该幻灯片。当需要使用某张幻灯片的版式和内容时，可直接复制该幻灯片并进行修改，以此来提高工作效率。

移动幻灯片的方法如下：

方法一：使用拖动方法移动。首先在普通视图的"幻灯片"窗格中或者在幻灯片浏览视图中，选中要移动的幻灯片，然后将鼠标指针指向选中的幻灯片，按住鼠标左键将幻灯片拖动到新位置，释放鼠标左键即可完成移动。

方法二：用剪切粘贴方法移动幻灯片的操作步骤如下：

① 在普通视图的"幻灯片"窗格中或者在幻灯片浏览视图中，选中要移动的幻灯片。

② 执行剪切操作。右击选中的幻灯片，在弹出的快捷菜单中选择"剪切"命令，或者在"开始"选项卡中单击"剪切"按钮，或者按【Ctrl+X】组合键，将选中的幻灯片剪切到剪贴板，同时窗格中被选中的幻灯片将会被删除。

③ 执行粘贴操作。在普通视图的"幻灯片"窗格或者在幻灯片浏览视图中，右击要粘贴幻灯片的位置，然后在弹出的快捷菜单中选择"粘贴"命令；也可以在普通视图的"幻灯片"窗格中或者在幻灯片浏览视图中，单击要粘贴幻灯片的位置，然后在"开始"选项卡中单击"粘贴"按钮，或者按【Ctrl+V】组合键，完成粘贴操作。

复制幻灯片的操作步骤如下：

① 在普通视图的"幻灯片"窗格中或者在幻灯片浏览视图中，选中要复制的幻灯片。

② 执行复制操作。右击选中的幻灯片，在弹出的快捷菜单中选择"复制"命令，或者在"开始"选项卡中单击"复制"按钮，或者按【Ctrl+C】组合键，将选中的幻灯片复制到剪贴板。

③ 执行粘贴操作。在普通视图的"幻灯片"窗格或者在幻灯片浏览视图中，右击要粘贴幻灯片的位置，然后在弹出的快捷菜单中选择"粘贴"命令；也可以在普通视图的"幻灯片"窗格或者在幻灯片浏览视图中，单击要粘贴幻灯片的位置，然后在"开始"选项卡中单击"粘贴"按钮，或者按【Ctrl+V】组合键，完成粘贴操作。

（4）删除幻灯片

在普通视图的"幻灯片"窗格或者在幻灯片浏览视图中均可删除幻灯片，方法如下：

① 选择要删除的幻灯片，右击，在弹出的快捷菜单中选择"删除幻灯片"命令。
② 选择要删除的幻灯片，按【Delete】键。

2. 文本编辑与文本框设置

（1）使用占位符进行文本编辑

在新建的幻灯片中，WPS演示使用占位符提示输入文本的位置。通常，占位符的边框为虚线，其中显示"单击此处添加标题"或"单击此处添加文本"等提示。在占位符内部单击，然后输入需要的文本，提示信息会自动消失。如图5-15所示，内容占位符不仅可以输入文本，也可单击相应图标插入相应图片、表格等内容。

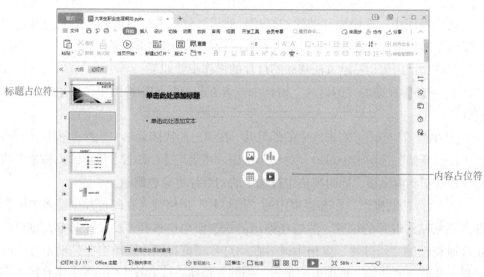

图5-15 新建幻灯片

（2）使用文本框进行文本编辑

除占位符外，有需要时可为幻灯片添加必要的文本框，添加方法如下：

在"开始"或"插入"选项卡中单击"文本框"按钮，待鼠标指针变为"十"字形状。在添加文本框的位置按住鼠标左键拖动绘制出文本框。该方式默认添加横向文本框。

在"开始"或"插入"选项卡中单击"文本框"下拉按钮，打开"预设文本框"下拉菜单。在下拉菜单中选择"横向文本框"或"纵向文本框"命令后，鼠标指针变为"十"字形状。在添加文本框的位置按住鼠标左键拖动绘制出文本框。

添加完文本框后，插入点自动定位到文本框中，可进一步输入文本。

（3）占位符和文本框的移动和删除

幻灯片中的占位符和文本框均可移动位置，移动方法为：将鼠标指针指向占位符和文本框边沿，鼠标指针变为"十"字箭头时，按住鼠标左键拖动，拖动到新位置后释放鼠标左键完成移动。

对于不需要的占位符和文本框，可单击占位符和文本框边沿，然后按【Delete】键或【BackSpace】键将其删除。或者右击占位符和文本框边沿，然后在弹出的快捷菜单中选择"删除"命令将其删除。

> **提示：**
> WPS演示中占位符和文本框中的文字、段落的格式设置及占位符和文本框的格式设置类似于WPS文字中文字、段落和文本框格式设置，读者可参考项目3任务2中的内容。

3. 插入艺术字

演示文稿中经常使用艺术字，相对于普通文本文字，艺术字拥有更多的美化与设置功能，如不同的形状效果、三维效果、渐变色设置等。

（1）插入艺术字

选择需要插入艺术字的幻灯片，单击"插入"选项卡中的"艺术字"按钮，在打开的下拉菜单中选择需要的艺术字样式，如图5-16所示。然后修改艺术字中的文字即可。

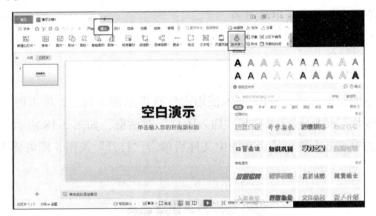

图5-16 "插入艺术字"下拉菜单

（2）编辑艺术字

编辑艺术字是对艺术字的文本填充颜色、文本效果等进行设置。选择需要编辑的艺术字，在"绘图工具"和"文本工具"选项卡中进行设置即可，如图5-17所示。

> **注意：**
>
> 图 5-17 中方框框起来的箭头，代表工具显示不完全，单击此按钮可显示隐藏的工具。 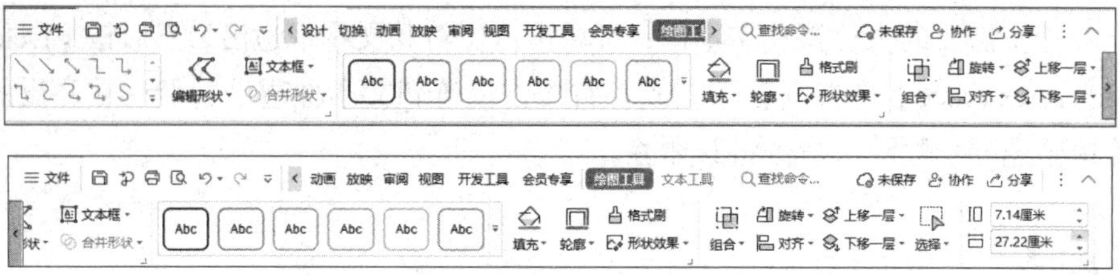
>
> （a）"绘图工具"选项卡 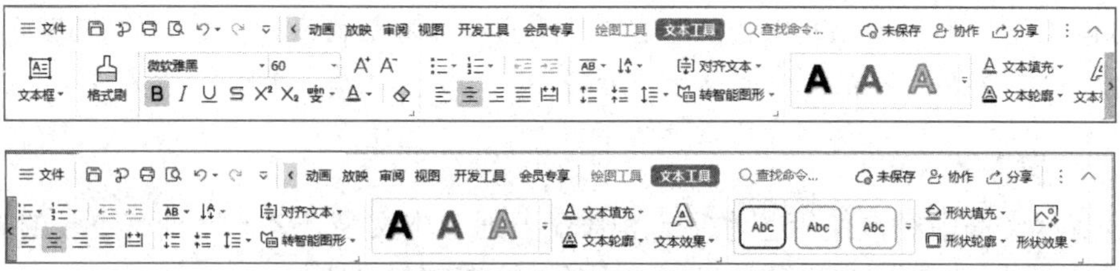
>
> （b）"文本工具"选项卡
>
> 图 5-17 "绘图"和"文本"选项卡

> **提示：**
>
> WPS 演示中艺术字的格式设置类似于 WPS 文字中艺术字的格式设置，读者可参考项目 3 任务 2 中的内容。

4. 插入图片

（1）使用占位符插入图片

在新建的幻灯片中，WPS 演示使用占位符提示插入内容，单击内容占位符中的"插入图片"图标，可打开"插入图片"对话框，如图 5-18 所示。在对话框的文件列表中双击文件，或者在选中文件后单击"打开"按钮，即可插入图片。

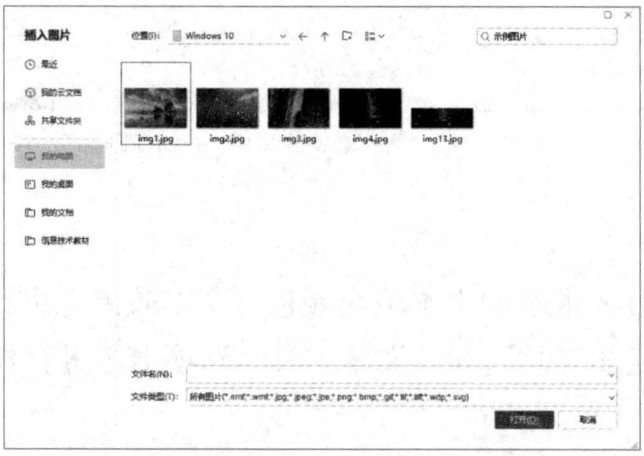

图 5-18 "插入图片"对话框

（2）使用功能区插入图片

①插入本地图片。

在"插入"选项卡中单击"图片"按钮，打开"插入图片"对话框，如图 5-18 所示。或者在"插入"选项卡中单击"图片"下拉按钮，打开插入图片下拉菜单，如图 5-19 所示。在下拉菜单中单击"本地图片"按钮，也可打开"插入图片"对话框。在对话框的文件列表中双击文件，或者在选中文件后单击"打开"按钮，即可插入图片。

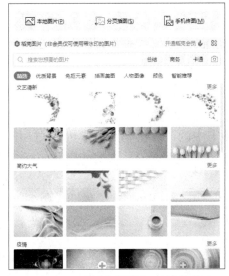

图 5-19 "插入图片"下拉菜单

也可以先在 Windows 系统的文件夹窗口中复制图片，然后切换回幻灯片编辑窗口，再单击"开始"选项卡中的"粘贴"按钮，或按【Ctrl+V】组合键，或右击幻灯片，在弹出的快捷菜单中选择"粘贴"命令，将图片粘贴到幻灯片中。

②插入手机图片。

WPS 提供了插入手机图片的功能，插入方法为：在"插入"选项卡中单击"图片"下拉按钮，打开"插入图片"下拉菜单，如图 5-19 所示。在下拉菜单中单击"手机传图"按钮，打开"插入手机图片"对话框，如图 5-20（a）所示。用手机微信扫描图片中的二维码连接手机，在手机中完成图片选择后，对话框会显示图片预览图标，如图 5-20（b）所示。双击图片预览图标可将其插入幻灯片中。

> 提示：
> WPS 演示图片的格式设置等操作类似于 WPS 的文字中图片的格式设置，读者可参考项目 3 任务 4 中的内容。

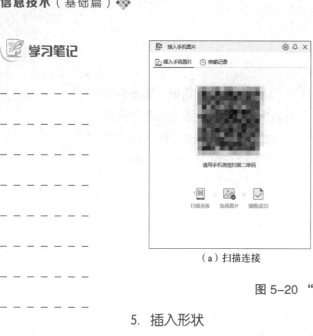
（a）扫描连接

（b）预览图标

图 5-20 "插入手机图片"对话框

5. 插入形状

单击"插入"选项卡中的"形状"下拉按钮，打开"形状"下拉菜单，如图 5-21 所示。

• 视 频
对象的插入及格式设置2

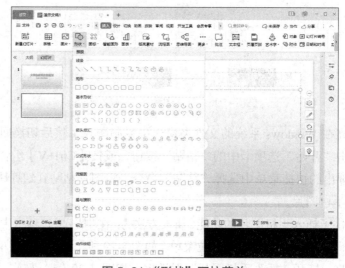

图 5-21 "形状"下拉菜单

在形状下拉菜单中单击要插入的形状，然后在页面中按住鼠标左键拖动绘制形状。

> **提示：**
> WPS 演示形状的格式设置等操作类似于 WPS 的文字中形状的格式设置，读者可参考项目 3 任务 4 中的内容。

6. 对象的组合与排列

（1）对象的组合

组合就是多个对象当作一个整体，然后进行相应的操作。首先选中要组合的对象，然后单击图形上方浮动工具栏中的"组合"按钮或单击"绘图工具"选项卡中的"组合"按钮，在下拉菜单中选择"组合"命令，如图5-22所示。

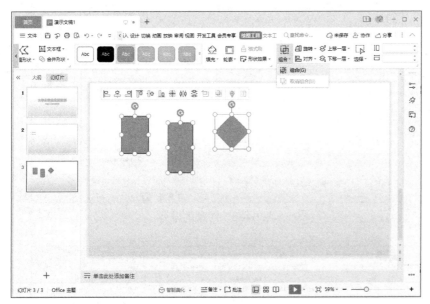

图 5-22 对象的组合

或者在选定图形上右击，在快捷菜单中选择"组合"命令。

取消组合：选中组合后的图形，单击图形右侧的快速工具栏中的"取消组合"按钮，或者单击"绘图工具"选项卡中的"组合"按钮，在下拉菜单中选择"取消组合"命令；或者在选定图形后出现的快捷菜单中单击"取消组合"按钮。

（2）对象的排列

对象的排列功能可使对象的布局更规范。对象的排列方法如下：

首先需同时选中多个对象，单击图形上方浮动工具栏中的相应按钮；或者在"绘图工具"选项卡中单击"对齐"按钮，在下拉菜单中选择合适的对齐方式，如图5-23所示。

7. 设置项目符号与编号

（1）设置项目符号

在"开始"选项卡中单击"项目符号"按钮，可为所选段落添加项目符号。单击"项目符号"按钮右侧的下拉按钮，打开下拉菜单，在其中可选择项目符号类型或者取消项目符号。添加项目符号的文本效果及项目符号下拉菜单如图 5-24 所示。

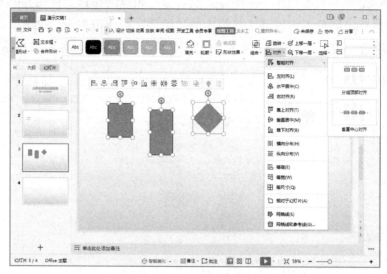

图 5-23　对象的排列

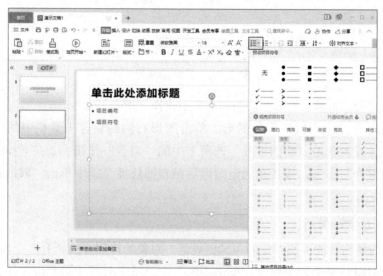

图 5-24　设置项目符号

（2）设置编号

在"开始"选项卡中单击"编号"按钮，可为所选段落添加编号。单击"编号"按钮右侧的下拉按钮，打开下拉菜单，在其中可选择编号类型或者取消编号。添加编号的文本效果及编号下拉菜单如图 5-25 所示。

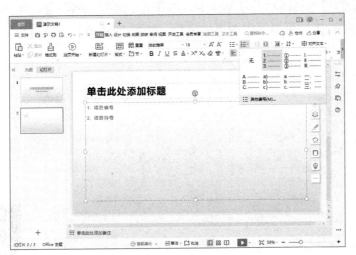

图 5-25 设置编号

> **提示:**
> WPS 演示的项目符号和编号的设置类似于 WPS 文字中项目符号和编号的设置,读者可参考项目 3 任务 2 中的内容。

8. 插入智能图形

(1) "智能图形"的插入与删除

WPS 演示提供的智能图形可快速制作出各种逻辑关系的图形。具体步骤如下:

① 在"插入"选项卡中单击"智能图形"按钮,打开"智能图形"对话框,如图 5-26 所示。

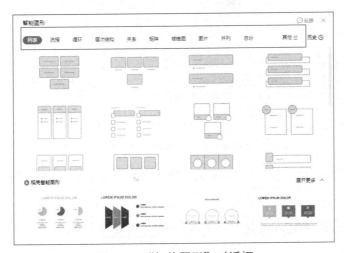

图 5-26 "智能图形"对话框

②根据需要选择图形关系选项卡，如列表、流程、循环等。光标放置于对应智能图形的图标上，可显示本图形的解释，如图5-27所示。单击相应智能图形，即可插入。

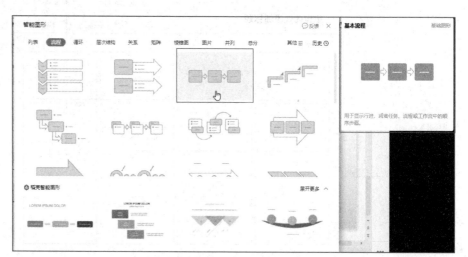

图5-27 "智能图形"内相应图标提示

③插入智能图形后，单击内容提示，可输入相应内容，如图5-28所示。

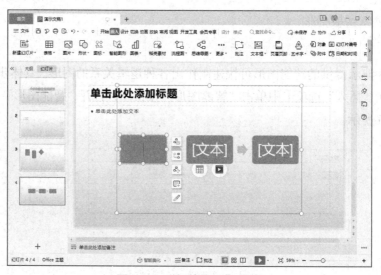

图5-28 "智能图形"编辑

选中"智能图形"后，按【Delete】键或者【BackSpace】键可删除智能图形。

（2）"智能图形"格式的设置

"智能图形"的格式设置需要使用"设计"选项卡和"格式"选项卡，如图5-29所示。

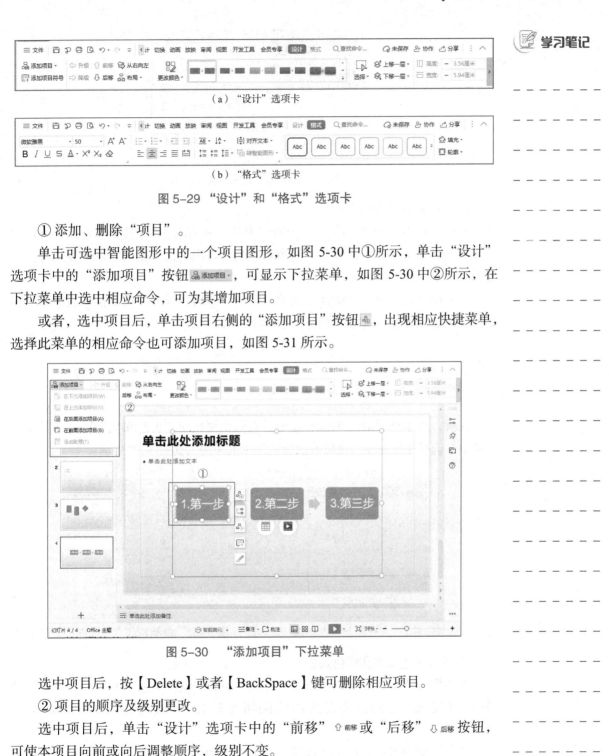

① 添加、删除"项目"。

单击可选中智能图形中的一个项目图形，如图 5-30 中①所示，单击"设计"选项卡中的"添加项目"按钮，可显示下拉菜单，如图 5-30 中②所示，在下拉菜单中选中相应命令，可为其增加项目。

或者，选中项目后，单击项目右侧的"添加项目"按钮，出现相应快捷菜单，选择此菜单的相应命令也可添加项目，如图 5-31 所示。

图 5-30 "添加项目"下拉菜单

选中项目后，按【Delete】或者【BackSpace】键可删除相应项目。

② 项目的顺序及级别更改。

选中项目后，单击"设计"选项卡中的"前移"或"后移"按钮，可使本项目向前或向后调整顺序，级别不变。

选中项目后，单击"设计"选项卡中的"升级"按钮，可提高项目的级别。单击"设计"选项卡中的"降级"按钮，可降低项目的级别。

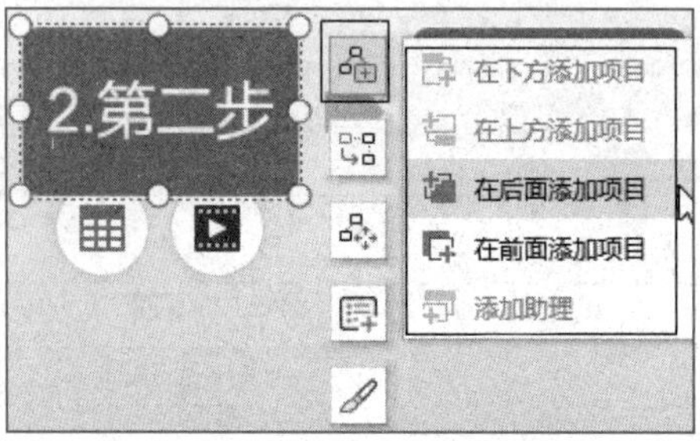

图 5-31 "添加项目"快捷菜单

③ 更改智能图形的布局。

选中项目后,单击"设计"选项卡中的"从右向左"按钮 从右向左,可使整个智能图形中项目的顺序从右到左重新排列,再次单击次按钮,可恢复从左至右排列。

选中项目后,单击"设计"选项卡中的"布局"按钮,在下拉列表中选取命令可使智能图形的布局进行相应改变,如图 5-32 所示。

> **注意**:
> 不同的智能图形可使用的布局功能不同。

或者,选中项目后,单击所选项目右侧快捷按钮"更改布局",在弹出的菜单中,选择相应命令,也可改变智能图形的布局,如图 5-33 所示。

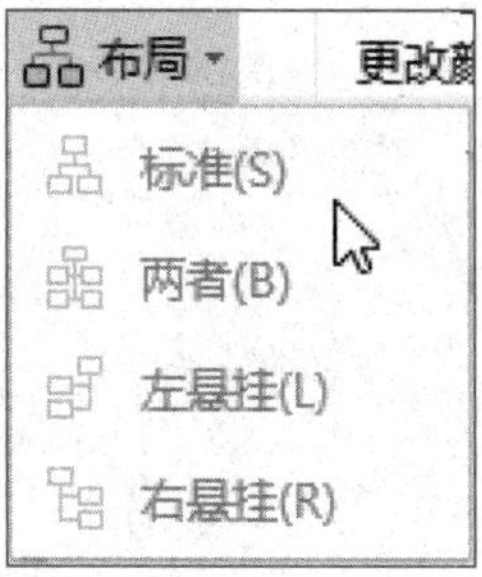

图 5-32 "布局"下拉菜单 　　图 5-33 快捷按钮"更改布局"的菜单

④ 更改配色方案和配色效果。

选中智能图形后,单击"设计"选项卡中的"更改颜色"按钮,在下拉菜单中有预定的配色方案,单击其中的图标可为智能图形更改相应的颜色,如图 5-34 所示。

选中智能图形后,单击"设计"选项卡中的"样式效果"工具,可为智能图形更改为相应的效果,如图 5-35 所示。

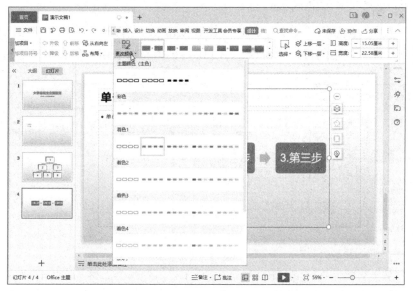

图 5-34 "更改颜色"下拉菜单

图 5-35 "样式效果"工具

> **提示：**
> WPS 演示的智能图形"格式"选项卡的使用类似于 WPS 的文字中文本框的"绘图工具"和"文本工具"选项卡的使用，读者可参考项目 3 任务 2 中的内容。

9. 插入表格

表格可以直观形象地表达数据情况。在 WPS 演示中，不仅可以在幻灯片中插入表格，还可以对插入的表格进行编辑和美化，在幻灯片中可使用以下两种方式插入表格：

（1）使用占位符插入表格

在新建的幻灯片中，WPS 演示使用占位符提示插入内容，单击内容占位符中的"插入表格"图标，可打开"插入表格"对话框，如图 5-36 所示。在对话框的文本框中输入相应行数和列数的值，即可插入表格。

图 5-36 "插入表格"对话框

（2）使用菜单栏插入表格

在"插入"选项卡中单击"插入表格"按钮，在打开的下拉菜单中，移动光标可看到应插入表格的行数和列数，单击即可插入相应表格，如图 5-37 所示。

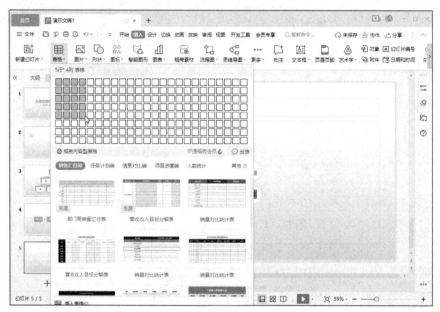

图 5-37 "表格"下拉菜单

> 提示：
> WPS 演示的表格格式设置类似于 WPS 文字中表格的格式设置，读者可参考项目 3 任务 3 中的内容。

任务实现

本任务为完善任务 1 的内容。其步骤如下：

1. 插入艺术字

打开任务 1 保存的"大学生生涯职业规划 .pptx"演示文稿。

选择第 1 张幻灯片，选中右侧标题文本"年度工作计划总结汇报"并删除。

插入艺术字"大学生生涯职业规划"，预设样式选择"填充 - 黑色，文本 1，阴影"，文本字号为"54"，文本对齐方式"右对齐"，文本排列方式及艺术字位置如图 5-38 所示。

右下角文本"2019"改为"2021"，汇报人改为"李小红"，完成后第 1 张幻灯片效果如图 5-39 所示。

项目 5　WPS 演示文稿制作

图 5-38　艺术字效果

图 5-39　第 1 张幻灯片效果图

2. 文本编辑

单击选中第 2 张幻灯片，选中文本"点击输入标题"并删除，然后在此文本框中输入"自我认知"。以下文本框中仍需删除文本"点击输入标题"，并分别输入"职业认知"，最后，删除组合形状❸……点击输入标题 及 ❹……点击输入标题。完成后第 2 张幻灯片效果如图 5-40 所示。

图 5-40　第 2 张幻灯片效果

选中第 3 张幻灯片，编辑文本"点击输入标题"为"自我认知"；选中第 6 张幻灯片，编辑文本"点击输入标题"为"职业认知"，效果如图 5-41 所示。

（a）第 3 张效果图　　　　　（b）第 6 张效果图

图 5-41　第 3 张、第 6 张幻灯片效果图

第 10 张幻灯片的汇报人编辑为"李小红"，效果如图 5-42 所示。

图 5-42　第 10 张幻灯片效果图

删除第 4、5、7、8、9 张幻灯片。删除后的演示文稿如图 5-43 所示。

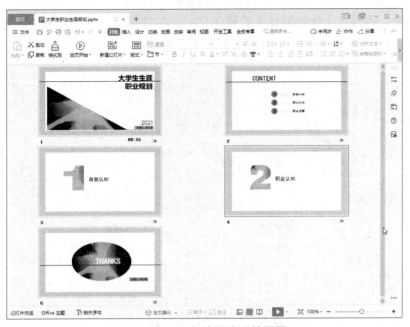

图 5-43 幻灯片删除后效果图

3. 插入表格

在普通视图的大纲窗格选中第 3 张幻灯片，按【Enter】键，插入一张新幻灯片，即为第 4 张幻灯片。单击"开始"选项卡中的"版式"按钮，下拉菜单选择"标题和两栏内容"版式，如图 5-44 所示。

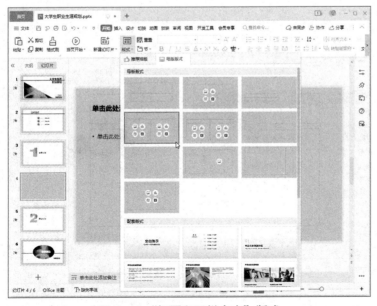

图 5-44 "标题和两栏内容"版式

单击"单击此处添加标题"占位符,输入"个人简介"。

单击左侧内容占位符的插入表格图标,在打开的"插入表格"对话框中输入行数"7",列数"2",可插入 7 行 2 列的表格,并按照图 5-45 所示输入相应文字。

图 5-45 "插入表格"效果图

4. 插入图片

选中第 4 张幻灯片,单击右侧内容占位符的"插入图片"图标,在打开的"插入图片"对话框中,找到"头像图片.jpg",选中并打开,即可插入图片。选中表格、图片,单击"绘图工具"选项卡中的"对齐"按钮,在下拉菜单中选择"靠上对齐"命令,可优化幻灯片内容的布局,效果如图 5-46 所示。

图 5-46 "插入图片"并对齐效果图

5. 插入文本框

在第 4 张幻灯片后添加新的版式为"空白"的新幻灯片，即为第 5 张幻灯片。单击"插入"选项卡中的"文本框"按钮，在图 5-47 所示位置插入一个文本框，内容更改为"职业性格"，字体"微软雅黑"，字号"24"，字形"加粗"。

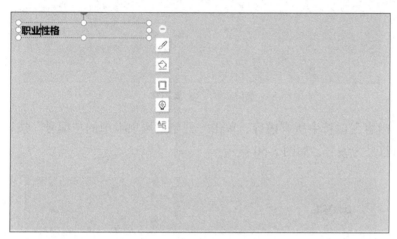

图 5-47 "插入文本框"效果图

6. 插入智能图形

选中第 5 张幻灯片，单击"插入"选项卡中的"智能图形"按钮，在下拉菜单选择"垂直图片重点列表"，并按照图 5-48 所示输入相应文本。

选中智能图形，单击"设计"选项卡中的"更改颜色"按钮，在下拉菜单选择"彩色"一栏中的最后一种配色方案，效果如图 5-48 所示。

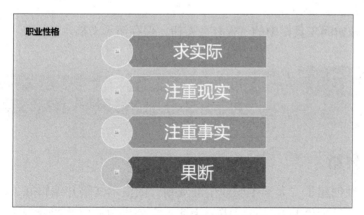

图 5-48 插入智能图形效果图

7. 编号

在第 6 张幻灯片后新建一张版式为"标题和内容"的幻灯片，即为第 7 张幻灯片。在标题栏输入"社会环境"，在内容栏按照图 5-49 所示输入内容。

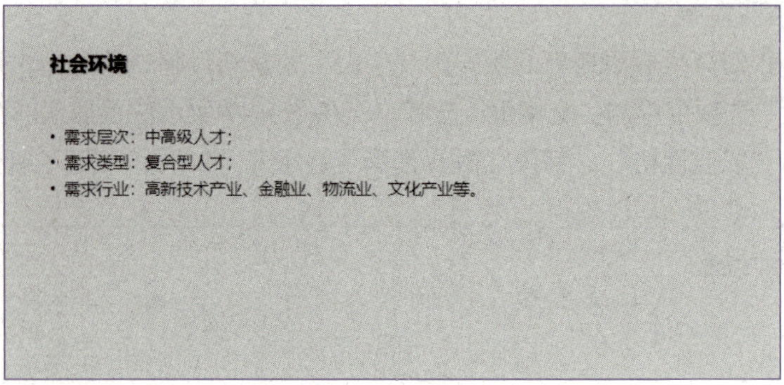

图 5-49　文字内容

选中内容占位符中所有内容，单击"开始"选项卡中的"编号"按钮，可更改项目符号为编号，如图 5-50 所示。

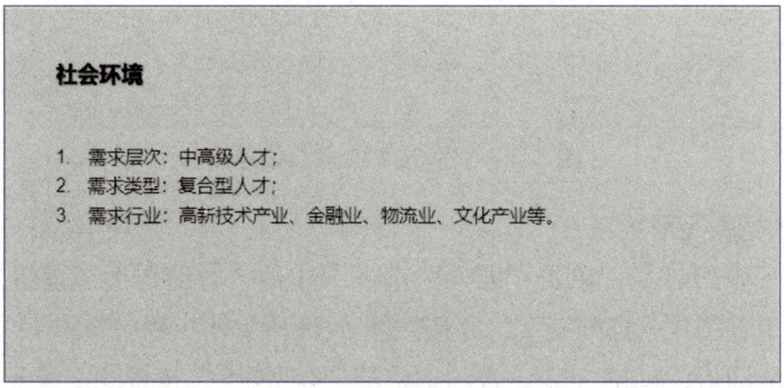

图 5-50　增加编号效果图

8. 保存此演示文稿

单击快速访问工具栏中的"保存"按钮，保存演示文稿。

任务3　添加演示文稿动画与合成多媒体——美化"大学生职业生涯规划"演示文稿

需求分析

小红已经创建了"大学生职业生涯规划"的演示文稿并编辑好了内容，为了增加汇报时的可读性和互动性，需要为演示文稿增加相应的背景音乐、超链接、动画等。

方案设计

在任务 2 完成的演示文稿的基础上，使用 WPS 演示为演示文稿添加相应动画、

超链接等。美化后的演示文稿如图 5-51 所示。其相关要求如下:
- 打开任务 2 所保存的演示文稿"大学生职业生涯规划 .pptx"。
- 为相关对象设置动画效果。
- 为演示文稿加入背景音乐。
- 为目录页插入超链接。
- 保存演示文稿。

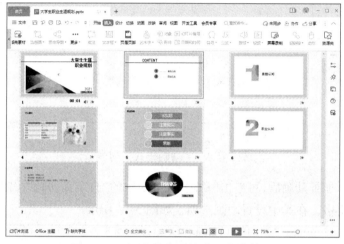

图 5-51 初步美化后的演示文稿效果

相关知识

1. 进入、强调与退出动画的制作

演示文稿中的对象,如文本框、形状、图片和表格等,均可设置动画效果,使演示文稿在放映时展示出更丰富的视觉效果。

对象的动画效果分为进入、强调、退出和路径 4 种类型。

① 进入动画指对象从幻灯片显示范围之外进入在幻灯片内部的动画效果。

② 强调动画指对象已显示在幻灯片中,然后以指定的动画效果突出显示,从而起到强调作用。

③ 退出动画指对象已显示在幻灯片中,然后以指定的动画效果从幻灯片中消失。

④ 路径动画指对象按用户绘制的或者系统预设的路径运动的动画效果。

WPS 演示可为对象添加单一动画,也可为一个对象添加多个动画效果。

(1)添加动画效果

为对象添加动画效果的方法为:选中要添加动画的对象,然后在"动画"选项卡"动画样式"列表中单击要使用的样式,将其应用到对象上,如图 5-52(a)所示。单击样式列表右侧更多样式的按钮,可打开样式列表下拉菜单,有更多样式可供选择,如图 5-52(b)所示。单击图 5-52(b)图中右侧按钮,可打开更多样式下拉菜单,如图 5-52(c)所示。

(a)动画样式列表

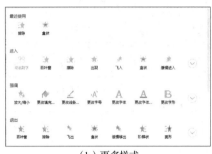
(b)更多样式

(c)更多进入样式

图 5-52 "动画样式"列表

为对象添加了动画后,可单击"动画"选项卡中的"自定义动画"按钮,打开"自定义动画"窗格,在其中设置动画选项,如图 5-53 所示。

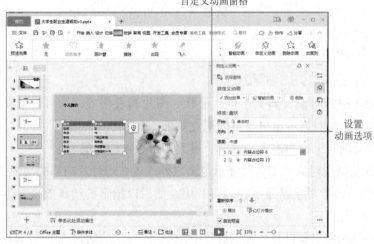

图 5-53 "自定义动画"窗格

动画选项包括了开始时间、方向、速度,以及出现顺序等。要更改动画选项,首先在幻灯片中选中对象,或者在自定义动画窗格的顺序列表中单击对象,然后进一步修改动画选项。

① 修改开始时间。在"开始"下拉列表框中,可选择动画的开始方式。开始方式为"单击时"表示单击开始动画;开始方式为"与上一动画同时"表示与上一个动画同时开始;开始方式为"在上一动画之后"表示在上一个动画结束之后

开始动画。

② 修改方向。在"方向"下拉列表框中，可选择对象自屏幕的哪个位置出现，如"自左侧""自右侧""自底部"等。

> **注意：**
> 不同的动画效果，其方向的选项是不一样的。

③ 修改速度。速度指动画完成的时间，可在"速度"下拉列表框中选择动画的完成速度。

④ 修改出现顺序。默认情况下，文档按添加的先后顺序播放各个动画。在自定义动画窗格的顺序列表中，可以看到各个动画的序号。打开自定义动画窗格时，幻灯片中对象左侧也会显示动画的序号。动画的序号越小，越先出现。在自定义动画窗格的顺序列表中，可选中对象，然后单击列表下方的 ↑ 或 ↓ 按钮调整动画的先后顺序；也可在列表中拖动对象来调整动画顺序。

⑤ 删除动画效果。在动画窗格的顺序列表中，可选中对象，然后单击"删除"按钮删除动画效果。或者，右击顺序列表中的对象，然后在弹出的快捷菜单中选择"删除"命令来删除动画效果。

（2）路径动画的制作

路径动画是指对象按照设定好的路径运动的动画效果，具体设置方法如下：

单击"动画"选项卡"动画样式列表"的下拉按钮，打开下拉面板，在下拉面板"动作路径"组中，选择合适的路径动画效果，如菱形等，如图5-54所示。

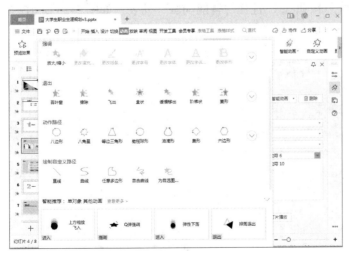

图 5-54 动画路径设置

除了可以使用系统内置的动作路径外，也可以由用户自定义动画的动作路径，以此让幻灯片对象完全按照用户的意愿运动。设置自定义路径动画的具体方法如下：

单击"动画"选项卡"动画样式列表"的下拉按钮打开下拉面板，在下拉面板"绘制自定义路径"一栏中，选择合适的路径，可自行绘制。

以"自由曲线"为例，选择"自由曲线"效果，鼠标指针变为笔状，按住鼠标左键拖动，可自由绘制，绘制完毕释放鼠标左键即可。完成效果如图5-55所示。

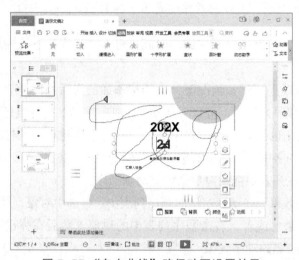

图5-55 "自由曲线"路径动画设置效果

（3）使用智能动画

智能动画可根据选中的对象推荐智能动画效果。添加智能动画的方法为：在幻灯片中选中要设置动画的对象，然后在"动画"选项卡或自定义动画窗格中单击"智能动画"按钮，打开"智能动画"列表，如图5-56所示。在列表中单击要使用的动画，将其应用到选中对象。

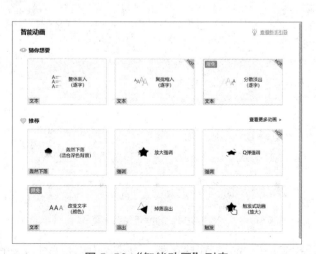

图5-56 "智能动画"列表

（4）删除动画

在"动画"选项卡中单击"删除动画"按钮 ☆ 删除动画▼，在打开的下拉菜单中选择相应命令即可。

- "删除选中对象的所有动画"：删除当前选中的对象的所有动画。
- "删除选中幻灯片的所有动画"：删除当前选中的幻灯片中的所有动画。
- "删除演示文稿的所有动画"：删除当前演示文稿中的所有动画。

2. 动画效果选项高级设置

在"动画窗格"中选定一种动画，在此动画上右击，弹出快捷菜单，选择"效果选项"命令，可打开对应动画的效果选项设置对话框，例如："百叶窗"动画的效果选项如图5-57所示。

（a）效果选项

（b）计时选项

图5-57 "百叶窗"动画效果选项对话框

在动画效果选项设置对话框中，不仅可以设置开始时间、方向、速度，以及出现顺序等基本效果，还包括增强效果选项等。

效果选项：效果选项卡中除设置方向外，还可设置动画增强效果，包括"声音""动画播放后"及"动画文本"效果。"声音"是动画的声音效果设置，软件预设了多种声音可供选择，也可插入自定义的声音；"动画播放后"设置动画播放后的对象的显示效果；"动画文本"设置文本的动画效果是"整批发送"还是"按字母"发送。

计时选项：计时选项卡除设置动画的开始时间（"开始"）、动画速度（"速度"）之外，还可设置"延迟""重复"。"延迟"是设置在设定的动画开始时间之后推迟多长时间开始动画；"重复"是设置此动画是否需要重复，以及重复次数。

3. 超链接的使用

在放映幻灯片时，若需要跳转到其他的文件或者是其他幻灯片页面等，可为幻灯片中的对象创建超链接。创建超链接后，在放映幻灯片时可单击该对象，使页面跳转到超链接所指向的幻灯片进行播放或打开相应文件等。超链接的使用方法如下：

（1）插入超链接

在幻灯片编辑区选定需要添加超链接的对象，在"插入"选项卡中单击"超链接"按钮，打开"插入超链接"对话框。在左侧"链接到"的列表中提供了四种不同的链接方式，如图 5-58 所示。选择所需链接方式后，在中间列表中按照实际链接要求进行设置，完成后单击"确定"按钮，即可为选择对象添加超链接效果。在放映幻灯片时，单击添加超链接的对象，即可快速跳转至链接的页面和程序。

（a）原有文件或网页

（b）本文档中位置

（c）电子邮件地址

（d）连接到附件

图 5-58 "插入超链接"对话框

- "原有文件或网页"：链接至本地已存在的其他文件或者网页。放映时单击此链接可打开相应文件或者网页。
- "本文档中的位置"：链接至本演示文稿中的幻灯片。放映时单击此链接可跳转至相应幻灯片。
- "电子邮件地址"：链接至收件人的邮箱地址。放映时单击此链接可打开相应邮箱软件，自动建立新建邮件并填入收件人地址。
- "链接附件"：链接至上传云端的附件。

在"插入超链接"对话框中，单击右上角的"屏幕提示"按钮，在打开的"设置超链接屏幕提示"对话框中的"屏幕提示文字"文本框中可输入鼠标指向超链接对象时的提示文字，此时如果直接选择文本为其设置超链接，效果设置完成后，文本颜色将发生改变,且文本下方将添加下画线,如果选择文本框为其设置超链接,则不会改变文本的效果。

(2)编辑超链接

右击已添加超链接的对象,在弹出的快捷菜单中选择"超链接"→"编辑超链接"命令。可打开"编辑超链接"对话框,重新对超链接进行设置。

(3)设置超链接颜色

右击已添加超链接的对象,在弹出的快捷菜单中选择"超链接"→"超链接颜色"命令。可打开"超链接颜色"对话框,对"超链接颜色""已点击超链接颜色""下画线"进行设置。

(4)取消超链接

选中已添加超链接的对象后右击,在弹出的快捷菜单中选择"超链接"→"取消超链接"命令,可取消已设置好的超链接。

4. 音频的插入和设置

音频可以作为演示文稿的讲解声音或者背景音乐。

(1)插入音频

在"插入"菜单中单击"音频"下拉按钮,打开插入音频下拉菜单,如图 5-59 所示。

图 5-59 "插入音频"下拉菜单

在下拉菜单中可选择"嵌入音频""链接到音频""嵌入背景音乐""链接背景音乐"等命令将本地音频插入幻灯片。

嵌入的音频保存在演示文稿中，即使删除外部的音频文件，幻灯片中的音频仍然可用。链接的音频仍保存在音频文件原位置，此时应将音频保存到演示文稿所在的文件夹中，在复制、移动演示文档时需同时复制音频文件。

将音频插入幻灯片后，幻灯片中会显示音频图标，单击图标可显示音频播放工具栏，单击工具栏中的"播放"按钮即可播放音频，如图 5-60 所示。

图 5-60　播放音频控制工具栏

在嵌入背景音乐或链接背景音乐时，WPS 会显示对话框提示是否从第一页开始插入背景音乐。如果单击"是"按钮，则音频将插入第一页，否则插入当前幻灯片。

（2）裁剪音频

裁剪音频指从音频中截取要使用的部分，裁剪方法为：在幻灯片中单击音频图标选中音频，然后在"音频工具"选项卡中单击"裁剪音频"按钮，打开"裁剪音频"对话框，如图 5-61 所示。

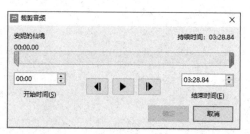

图 5-61　"裁剪音频"对话框

将鼠标指针指向音频开始时间或结束时间选取按钮，在鼠标指针变为双向箭头时，按住鼠标左键拖动调整音频的开始或结束时间。也可在"开始时间"和"结束时间"数值文本框中输入时间。单击"确定"按钮完成音频裁剪。

（3）设置播放选项

"音频工具"选项卡提供了音频的各种播放选项设置，如图5-62所示。

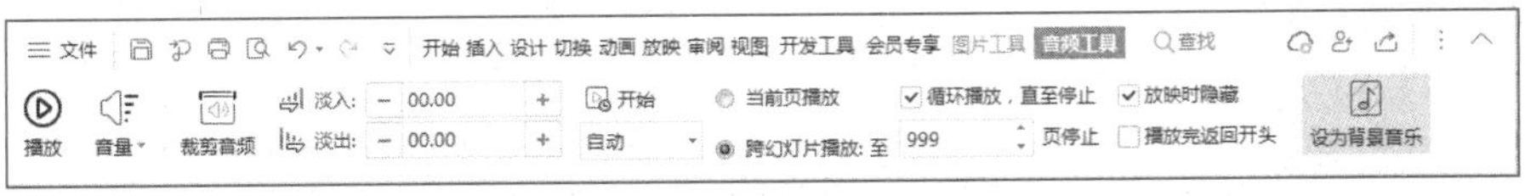

图5-62 "音频工具"工具栏

- 设置音量。在"音频工具"选项卡中单击"音量"下拉按钮，在打开的下拉菜单中可设置音量大小。
- 设置淡入和淡出效果。在音频开始部分可设置淡入效果，在"音频工具"选项卡中的"淡入"数值文本框中可设置淡入时间；在音频结束部分可设置淡出效果，在"音频工具"选项卡中的"淡出"数值文本框中可设置淡出时间。
- 设置音频播放方式。默认情况下，进入音频所在幻灯片时，会自动开始播放音频。在"音频工具"选项卡中的"开始"下拉列表框中将开始方式设置为"单击"，则只在单击音频图标时才会播放音频。
- 设置是否跨页播放。在"音频工具"选项卡中选择"当前页播放"单选按钮时，音频只在当前幻灯片中播放，离开当前幻灯片时自动停止播放；选择"跨幻灯片播放"单选按钮，可设置播放到指定页幻灯片时停止播放。非背景音乐默认只在当前幻灯片播放，背景音乐默认为跨幻灯片播放。
- 设置是否循环播放。在"音频工具"选项卡中勾选"循环播放，直至停止"复选框，音频会循环播放，直到停止放映幻灯片。非背景音乐默认不循环播放，背景音乐默认循环播放。
- 设置是否隐藏音频图标。在"音频工具"选项卡中勾选"放映时隐藏"复选框，可在放映幻灯片时隐藏音频图标。非背景音乐默认不隐藏音频图标，背景音乐默认隐藏音频图标。隐藏图标时，应将开始方式设置为"自动"，否则无法播放音频。
- 设置是否在播放完时返回开头。在"音频工具"选项卡中勾选"播放完返回开头"复选框，可在播放完音频时，自动返回音频起始位置。背景音乐和非背景音乐均默认在播放完时不返回起始位置。
- 设置或取消背景音乐。在"音频工具"选项卡中单击"设为背景音乐"按钮，可将非背景音乐设置为背景音乐。设置为背景音乐后，"设为背景音乐"按钮变为被选中状态，再次单击此按钮可将音频设置为非背景音乐。

5. 视频的插入和设置

在"插入"选项卡中单击"视频"下拉按钮，可打开插入视频下拉菜单。在下拉菜单中可选择"嵌入本地视频"或"链接到本地视频"命令，将本地视频插入当前幻灯片，效果如图 5-63 所示。嵌入的视频保存在演示文档中，链接的视频保存在视频原位置。在下拉菜单中选择"Flash"命令，可插入 Flash 格式的视频。在下拉菜单中选择"开场动画视频"命令，可根据模板，通过替换图片，制作开场动画视频。

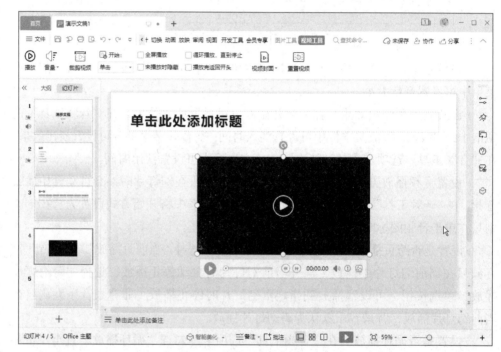

图 5-63 插入视频后的幻灯片

与音频类似，可使用"视频工具"选项卡中的工具设置音量、裁剪视频、设置开始方式，以及设置其他选项。

任务实现

本项目为任务 2 完成的演示文稿添加必要的动画和超链接等。其步骤如下：

1. 添加动画

打开任务 2 保存的"大学生生涯职业规划 .pptx"演示文稿。

选中第 1 张幻灯片，选中标题"大学生生涯职业规划"，单击"动画"选项卡"动画样式"中的"飞入"动画，单击"动画"选项卡中的"动画窗格"按钮，在打开的"动画窗格"中，更改动画选项方向为"自左侧"，速度为"快速"。

同样的方法，为对象"2021"和"汇报人：李小红"，添加动画"百叶窗"；

为第 2、3 张幻灯片的内容对象添加动画"擦除";为第 4 张幻灯片的表格添加动画"盒状",为图片添加动画"十字扩展";为第 5 张幻灯片的智能图形添加动画"圆形扩展";为第 5、6 张幻灯片的内容对象添加动画"缓慢进入"。

2. 添加背景音乐

选中第 1 张幻灯片,单击"插入"选项卡"音频"按钮,在下拉菜单中选择"嵌入背景音乐"命令,在打开的"从当前页插入背景音乐"对话框中,找到准备好的音频文件后,选中并"打开"即可插入。

3. 设置超链接

选中第 2 张幻灯片,选中文字"自我认知",单击"插入"选项卡中的"超链接"按钮,在打开的"插入超链接"对话框中选择"幻灯片 3",单击"确定"按钮,可把对象链接至"幻灯片 3";同样的方法,把"职业认知"链接至"幻灯片 6"。设置如图 5-64 所示。

图 5-64 超链接设置

任务4　演示演示文稿——深度美化及放映"大学生职业生涯规划"演示文稿

需求分析

小红已经创建了"大学生职业生涯规划"的演示文稿并初步添加了对象的动画和链接等,为了进一步美化文档及把控放映时间等,需要对演示文稿进行深度美化及放映设置。

方案设计

在任务 3 完成的演示文稿的基础上,使用 WPS 演示为演示文稿添加动作按钮,设置放映方式等。完成后的演示文稿如图 5-65 所示。其相关要求如下:

学习笔记

- 打开任务 3 所保存的演示文稿"大学生职业生涯规划 .pptx"。
- 为演示文稿设置配色方案。
- 修改演示文稿模板版式。
- 设置幻灯片切换效果。
- 创建相关动作按钮。
- 保存演示文稿。

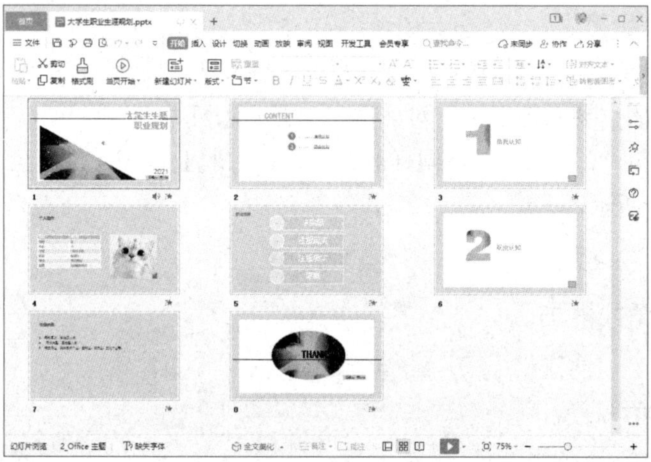

图 5-65　任务 4 效果图

相关知识

1. 应用幻灯片模板

模板是一组预设好背景、字体格式等的组合。在 WPS 演示中，不仅在新建演示文稿时可以应用幻灯片模板，已经创建好的演示文稿，也可以应用模板。应用幻灯片模板后，还可以修改字体方案、配色方案等以个性化设计演示文稿。

（1）应用幻灯片模板

单击"设计"选项卡"模板列表"中任意一个模板，可应用到当前演示文稿，"设计"选项卡如图 5-66（a）所示。或者单击"设计"选项卡中的"更多设计"按钮，打开"全文美化"对话框的"全文换肤"选项卡，可联网获得更多模板，如图 5-66（b）所示。单击任一模板，可预览模板应用效果，单击"应用美化"按钮，可把模板应用到当前演示文稿。

（2）修改配色方案

应用模板后，如果对模板配色方案不满意，可修改配色方案，方法是：单击"设计"选项卡中的"配色方案"按钮，在下拉菜单中选定一种配色方案即可更改演示文稿的配色。"配色方案"下拉菜单如图 5-67 所示。单击此菜单中的"更多按钮,打开"全文美化"对话框的"智能配色"选项卡,有更多配色方案供用户选择。

(a) "设计"选项卡

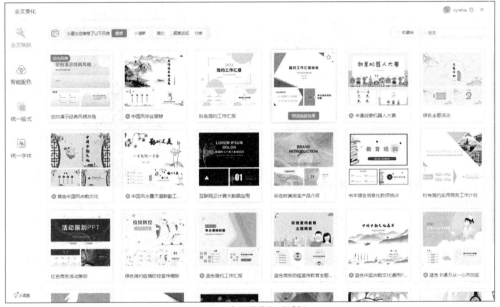

(b) "全文美化"对话框

图 5-66 "设计"选项卡及"全文美化"对话框

图 5-67 "配色方案"下拉菜单

(3) 修改统一字体

个性化演示文稿除了更改配色方案外，也可修改统一字体，方法是：单击"设计"选项卡中的"统一字体"按钮，在下拉菜单中选定一种字体方案即可更改演示文稿的字体。"字体方案"下拉菜单如图 5-68 所示。单击此菜单中的"更多"按钮，打开"全文美化"对话框的"统一字体"选项卡，有更多字体方案供用户选择。

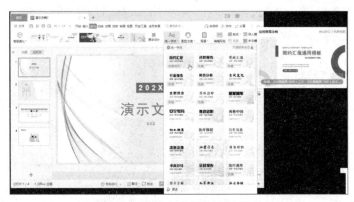

图 5-68 "统一字体"下拉菜单

2. 设置幻灯片背景

幻灯片的背景可以是一种或多种颜色，也可以是图片等。设置幻灯片背景可以快速改变幻灯片的呈现效果，其具体操作如下：

选中需更改背景的幻灯片，单击"设计"选项卡中的"背景"按钮，打开"背景"的下拉菜单，如图 5-69 所示，可在预置颜色中选择一种，即可应用到本张幻灯片。

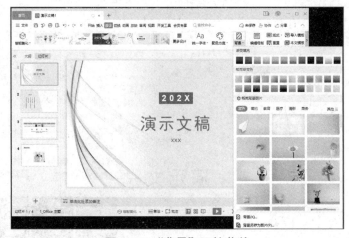

图 5-69 "背景"下拉菜单

也可在图 5-69 所示的下拉菜单中单击"背景"按钮 背景(K)...，打开"对象属性"窗格，如图 5-70 所示。可进行其他背景设置，包含"纯色填充""渐变填充""图片或纹理填充""图案填充"。设置完毕后，当前幻灯片背景会相应改变，若要整个演示文稿所有幻灯片背景都改变，则需设置完毕后，单击"全部应用"按钮。

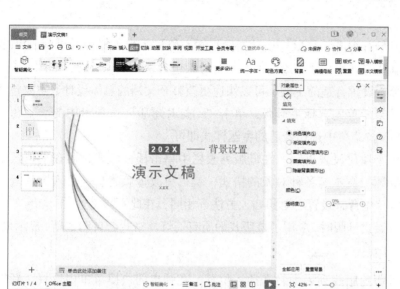

图 5-70 "对象属性"窗格

3. 制作并使用幻灯片母版

WPS 的母版中包含了可出现在每一张幻灯片上的显示对象，如文本占位符、图片、动作按钮等。幻灯片母版上的对象将出现在每张幻灯片的相同位置上。使用母版可以方便地统一幻灯片的风格。母版可用于创建新幻灯片或者更改现有幻灯片的版式。默认 WPS 演示文稿的母版由 12 张幻灯片组成，其中包括一张主母版（第 1 张）和 11 张幻灯片版式母版（后面 11 张）。

单击"视图"选项卡中的"幻灯片母版"按钮，或者单击"设计"选项卡中的"编辑母版"按钮，可切换到幻灯片母版视图，如图 5-71 所示。

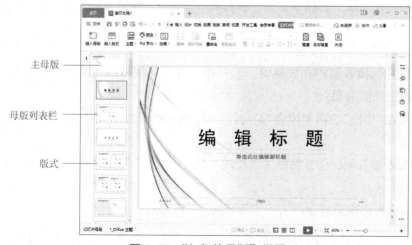

图 5-71 "幻灯片母版"视图

单击"幻灯片母版"选项卡中的"关闭"按钮,可关闭"幻灯片母版"视图。

(1) 修改母版版式

进入母版视图,将鼠标指针指向视图左侧母版列表栏中的母版,WPS 会显示当前有哪些幻灯片在使用该母版。每个母版包含了一系列版式,如图 5-71 所示。

为母版设置合适的主题,可以快速更改整个文档的总体设计,主要包括颜色、字体和效果。首先选择主母版,单击"幻灯片母版"选项卡中的"主题"下拉按钮,在下拉菜单中选择合适的主题样式即可。

也可个性化设置母版。在母版列表栏中单击任一版式,可在编辑区中修改版式中的标题、文本等各种对象的格式,也可更改母版背景、插入图片等,此操作同在幻灯片中背景设置、对象插入方法等相同,在此不再赘述。

修改版式母版时,应用了该版式的所有幻灯片格式会自动更新,显示最新格式。

(2) 添加新版式

在母版的版式列表中右击插入位置,在弹出的快捷菜单中选择"新幻灯片版式"命令,或者选择"幻灯片母版"选项卡中的"插入版式"命令,插入一个包含标题的空白版式;然后可在编辑区中设置标题格式,或者为该版式添加文本框、形状或背景图片等对象。

(3) 添加新母版

右击母版列表,在弹出的快捷菜单中选择"新幻灯片母版"命令,或者选择"幻灯片母版"选项卡中的"插入母版"命令,插入一个新的空白母版。然后单击列表中的新母版,可在编辑区中设置版式中的各种对象格式。

如果幻灯片中存在多个母版,为了方便管理,可以对已编辑好的母版进行重命名,方便与未编辑的母版区分和使用。进入母版编辑视图后,选择相应母版,单击"幻灯片母版"选项卡中的"重命名"按钮,在打开的"重命名"对话框中的"名称"文本框中输入名称,单击"重命名"按钮即可。

4. 设置幻灯片切换效果

幻灯片切换效果指在放映时,上一张幻灯片从屏幕消失到下一张幻灯片在屏幕上出现的动画效果。

可以在"切换"选项卡或者"幻灯片切换"窗格中设置幻灯片切换效果,如图 5-72 所示。

单击界面右侧的任务窗格工具栏的"幻灯片切换"按钮可调出"幻灯片切换"窗格。

(1) 添加切换效果

选中要设置切换效果的幻灯片后,在"切换"选项卡或者"幻灯片切换"窗格中的效果列表中单击要使用的效果,将其应用到幻灯片。选择切换效果为"无切换"时，可删除已设置的切换效果，如图 5-72 所示。

图 5-72 "幻灯片切换"窗格

（2）设置效果选项

不同的切换方式，其效果选项是不同的。

以"平滑"的效果选项为例，在"效果"列表中选择"对象"时，可对幻灯片中的对象应用切换效果；选择"文字"时，可对幻灯片中的对象和词语应用切换效果；选择"字符"时，可对幻灯片中的对象和字符应用切换效果。

（3）设置切换速度

在"速度"数值文本框中，可设置完成切换的时间。

（4）设置切换声音

在"声音"下拉列表框中，可设置播放的声音。

（5）设置换片方式

默认情况下，单击时切换幻灯片，开始播放切换动画。可以勾选"自动换片"复选框，并设置时间，以自动切换幻灯片。

（6）应用范围

默认情况下，切换效果应用于当前幻灯片。在"切换"选项卡中单击"应用到全部"按钮，或在"幻灯片切换"窗格中单击"应用于所有幻灯片"按钮，可将切换效果应用到整个文档中的所有幻灯片。在"幻灯片切换"窗格中单击"应用于母版"按钮，可将切换效果应用到母版。

5. 创建动作按钮

动作按钮的功能与超链接比较类似，在幻灯片中创建动作按钮后，可将其设置为单击或经过该动作按钮时，可执行某个操作，包括快速切换幻灯片，如切换到上一张幻灯片、下一张幻灯片或第1张幻灯片、最后一张幻灯片、最近观看的幻灯片或指定的某张幻灯片，也可以执行结束放映、自定义放映操作，还能跳转至某个网址或其他文档。

在幻灯片中添加动作按钮的方法：选择要添加动作按钮的幻灯片，在"插入"选项卡中单击"形状"按钮，在打开的下拉列表中，选择动作按钮栏的一个图形按钮，此时鼠标指针将变为十字形状，在幻灯片中要插入动作按钮的位置按住鼠标左键不放，拖动鼠标绘制一个动作按钮。绘制动作按钮后，会自动打开动作设置对话框，如图 5-73（a）所示。单击选中"超链接到"单选按钮，在下方的下拉列表中选择相关选项，单击"确定"按钮，即可使超链接生效，如图 5-73（b）所示。

● 视频
创建动作按钮

（a）"动作设置"对话框

（b）"超链接到"下拉列表

图 5-73 "动作设置"对话框

6. 放映设置

（1）设置放映方式

在"放映"选项卡中单击"放映设置"按钮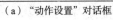，可打开"设置放映方式"对话框，如图 5-74 所示。

● 设置放映类型：在"设置放映方式"对话框的"放映类型"选项组中，可选择"演讲者放映（全屏幕）"或"展台自动循环放映（全屏幕）"单选按钮。"演讲者放映（全屏幕）"为默认放映类型，由演讲者手动播放演示文档，在演示文稿放映过程中，演讲者具有完全的控制权，演讲者可手动切换幻灯片和动画效果；"展台自动循环放映（全屏幕）"则为自动播放，在这种方式的放映中，不能通过单击切换幻灯片，但可以通过单击幻灯片中的超链接和动作按钮来切换，按【Esc】键可结束放映。

● 视频
放映设置

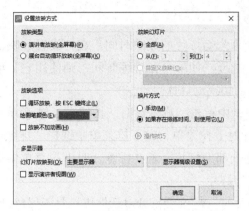

图 5-74 "设置放映方式"对话框

·设置可放映的幻灯片：在"设置放映方式"对话框的"放映幻灯片"选项组中，可设置播放哪些幻灯片，默认为播放全部幻灯片，也可以设置要播放幻灯片的页码范围，或者按自定义放映序列播放。

（2）定义放映序列

放映序列指按顺序排列的幻灯片放映队列。在"设置放映方式"对话框中，可选择按放映序列播放幻灯片。自定义的放映序列可包含演示文档中的部分或全部幻灯片，幻灯片的播放顺序可以按需要进行排列。

在"放映"选项卡中单击"自定义放映"按钮，可打开"自定义放映"对话框，如图 5-75（a）所示。在对话框的"自定义放映"列表框中列出了已定义的放映序列，可选中序列，然后单击"编辑"按钮修改放映序列。单击"复制"按钮可复制选中的放映序列。单击"删除"按钮可删除选中的放映序列。

单击"新建"按钮，可打开"定义自定义放映"对话框，创建放映序列，如图 5-75（b）所示。在"定义自定义放映"对话框的"在演示文稿中的幻灯片"列表框中，双击幻灯片标题，或者在选中幻灯片后，单击"添加"按钮，将幻灯片添加到播放序列中。按照自定义顺序添加好幻灯片后，单击"确定"按钮即可。

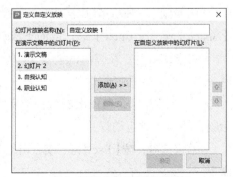

（a）"自定义放映"对话框　　　　（b）"定义自定义放映"对话框

图 5-75 "自定义放映""定义自定义放映"对话框

（3）使用排练计时

排练计时可记录每张幻灯片的放映时间。在"设置放映方式"对话框的"换片方式"选项组中，选择"如果存在排练时间，则使用它"单选按钮，则可按排练计时记录的时间自动切换幻灯片。

在"放映"选项卡中单击"排练计时"按钮，或者单击"排练计时"下拉按钮，打开排练计时下拉菜单，在下拉菜单中选择"排练全部"命令，可从第一张幻灯片开始排练全部幻灯片。若在排练计时下拉菜单中选择"排练当前页"命令，则只排练当前幻灯片。

在结束放映幻灯片时，WPS 会打开对话框提示是否保留排练时间。单击"是"按钮可保存排练时间。

（4）隐藏幻灯片

在"放映"选项卡中单击"隐藏幻灯片"按钮，可隐藏当前幻灯片。放映时不显示隐藏的幻灯片。

（5）显示演讲者视图

显示演讲者视图，在放映幻灯片时，演讲者可看到幻灯片的备注信息，观众无法看到。

在"放映"选项卡中勾选"显示演讲者视图"复选框即可。

（6）放映控制操作

单击"放映"选项卡中的"从头开始"按钮，或按【F5】键，可从第 1 张幻灯片开始放映。将鼠标指针指向幻灯片窗格中的幻灯片，单击出现的放映按钮，或单击"放映"选项卡中的"当页开始"按钮，或单击状态栏中的放映按钮，或按【Shift+F5】组合键，可从当前幻灯片开始放映。

在放映幻灯片的过程中，可使用下面的方法控制放映：

• 切换到上一张幻灯片：按【P】键、【↑】键、【←】键、【PageUp】键或向上滚动鼠标中键。

• 切换到下一张幻灯片：按【N】键、【↓】键、【→】键、【PageDown】键、【Space】键、【Enter】键，或向下滚动鼠标中键，或单击。

• 右击幻灯片，在弹出的快捷菜单中选择"上一页""下一页""第一页""最后一页"等命令切换幻灯片。

• 右击幻灯片，在弹出的快捷菜单中选择"定位\按标题"子菜单中的幻灯片标题，切换到对应幻灯片。

• 结束放映：按【Esc】键，或右击幻灯片，在弹出的快捷菜单中选择"结束放映"命令。

（7）在放映时使用绘图工具

在放映幻灯片时，可使用绘图工具在幻灯片上绘制各种标记，以便强调和突出重点内容。

在放映幻灯片时，单击"放映"工具栏中的 ✎ 按钮，可打开绘图工具菜单，如图5-76所示。

在绘图工具菜单中可选择"圆珠笔""水彩笔""荧光笔"等命令，然后用鼠标指针在幻灯片中绘制标记。也可右击幻灯片，然后在弹出的快捷菜单的"墨迹画笔"子菜单中选择画笔。

图5-76 绘图工具栏菜单

任务实现

本项目为任务3中完成的演示文稿进行深度美化，并进行放映设置等，其步骤如下：

1. 更改配色方案

打开任务3保存的"大学生生涯职业规划.pptx"演示文稿。单击"设计"选项卡中的"配色方案"按钮，在下拉菜单选择"春季物语"方案，如图5-77所示。

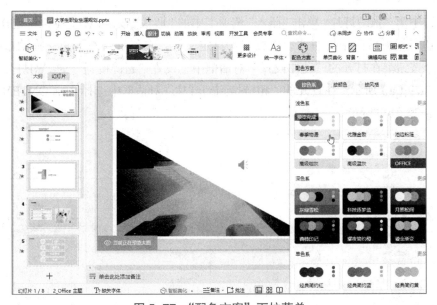

图5-77 "配色方案"下拉菜单

2. 修改母版版式

单击"视图"选项卡中的"幻灯片母版"按钮，进入幻灯片母版视图。选中"标题和内容"版式母版，将其标题和内容占位符的文本字体格式改为"幼圆"。第7页幻灯片可看到字体改变的效果。

3. 设置幻灯片切换效果

在幻灯片窗格,同时选定8张幻灯片,单击"切换"选项卡中的"样式"下拉按钮,在下拉菜单中选择"随机"样式,如图5-78所示。

图 5-78 "切换"下拉菜单

4. 创建动作按钮

选中第3张幻灯片,单击"插入"选项卡中的"形状"按钮,在下拉菜单选择"动作按钮"栏最后一个按钮"动作按钮:自定义",在幻灯片右下角,拖动鼠标画出一个按钮。在打开的"动作设置"对话框中,设置"超链接到"为"幻灯片",如图5-79(a)所示。在打开的"超链接到幻灯片"对话框中选择"2.CONTENT",如图5-79(b)所示。

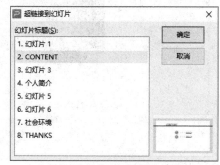

(a)"动作设置"对话框　　　　(b)"超链接到幻灯片"对话框

图 5-79 "动作设置"对话框、"超链接到幻灯片"对话框

复制此按钮至第6页幻灯片。

任务5　处理演示文稿文件——加密"大学生职业生涯规划"演示文稿等

需求分析

小红已经完成了"大学生职业生涯规划"演示文稿，由于在此演示文稿中插入了音频等，为了在其他电脑上能正常放映此演示文稿，需要使用 WPS "打包"功能。

方案设计

在任务 4 演示文稿的基础上，使用 WPS "打包"功能打包文档等。其相关要求如下：
- 为演示文稿设置加密。
- 演示文稿打包。
- 演示文稿输出 PDF 文件。
- 保存演示文稿。

相关知识

1. 演示文稿的合并

有时为了提高工作效率，经常需要团队合作来完成一个演示文稿。接下来介绍将每个人完成的部分演示文稿合并在一起的方法。

首先，同时打开需要合并的两个演示文稿，使两个文稿在两个独立窗口中显示，如图 5-80 所示。

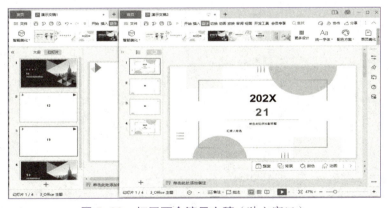

图 5-80　打开两个演示文稿（独立窗口）

然后选中其中一份演示文稿，拖动其中一页幻灯片到另一份演示文稿中相应的位置上，如图 5-81 所示。

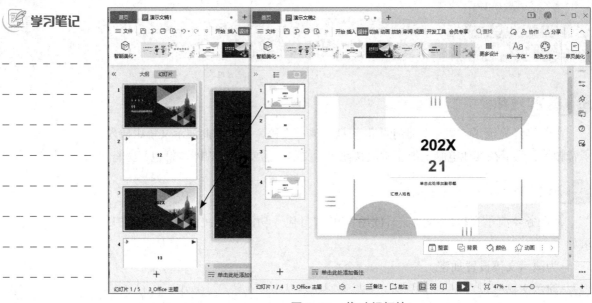

图 5-81 拖动幻灯片

以上是一张一张地拖动较为烦琐，用户可以通过按【Ctrl+A】选中所有的幻灯片或按【Ctrl】键或者【Shift】键选中多张幻灯片，将其一次性拖动到另一份演示文稿中。

2. 文件加密

选择"文件"→"文档加密"命令，可打开文档加密菜单，如图 5-82 所示。

图 5-82 "文档加密"菜单

• "文件权限"："私密文档保护"可设置演示文稿为私密文档，只允许当前账户查看编辑文档;"指定人"可设置指定人员查看编辑演示文稿。
- "密码加密":可分别为"打开""编辑"演示文稿设定密码。
- "属性":可对文档进行"常规""摘要""自定义"属性设置。

3. 文件打包

(1)打包为文件夹

打包为文件夹功能可将演示文档、链接音频、链接视频等复制到指定的文件夹,将文件夹复制到其他计算机即可正常使用演示文档。

将演示文档打包为文件夹的操作步骤如下:

① 保存正在编辑的演示文稿。

② 在"文件"菜单中选择"文件打包"→"将演示文档打包成文件夹"命令,打开"演示文件打包"对话框,如图 5-83 所示。

图 5-83 "演示文件打包"对话框

③ 在"文件夹名称"文本框中输入文件夹名称,在"位置"文本框中输入文件夹位置,可单击"浏览"按钮打开对话框选择保存位置。若勾选"同时打包成一个压缩文件"复选框,则打包时会生成包含相同内容的压缩文件。

单击"确定"按钮执行打包操作。打包完成后,WPS 会显示图 5-84(a)所示的对话框。单击"打开文件夹"按钮,可打开打包生成的文件夹,以便查看打包内容,如图 5-84(b)所示。

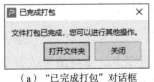

(a)"已完成打包"对话框

(b)打包后的文件夹

图 5-84 "已完成打包"对话框、打包后的文件夹内容

(2)打包为压缩文件

打包为压缩文件功能可将演示文稿、链接音频、链接视频等打包到一个压缩

文件中，将压缩文件复制到其他计算机，解压缩后即可正常使用演示文档。

将演示文档打包为压缩文件的操作步骤如下：

① 保存正在编辑的演示文稿。

② 在"文件"菜单中选择"文件打包"→"将演示文档打包成压缩包"命令，打开"演示文件打包"对话框，如图 5-85 所示。

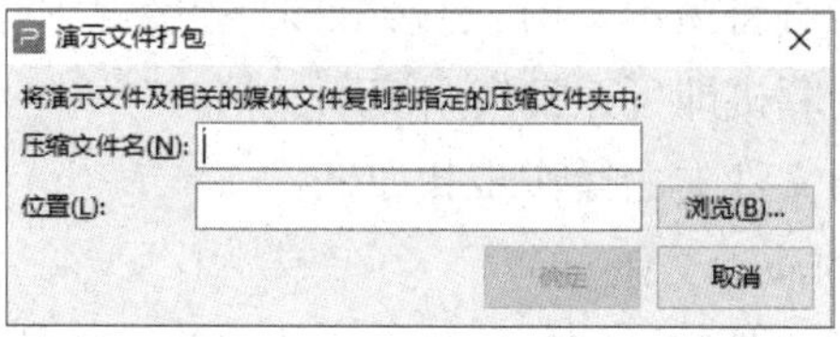

图 5-85 "演示文件打包"对话框

③ 在"压缩文件名"文本框中输入压缩文件夹名称，在"位置"文本框中输入文件夹位置，可单击"浏览"按钮打开对话框选择保存位置。

④ 单击"确定"按钮执行打包操作。打包完成后，WPS 显示图 5-86（a）所示的对话框。单击"打开压缩文件"按钮，可打开压缩文件查看打包的内容，如图 5-86（b）所示。

（a）"已完成打包"对话框　　　　　　（b）压缩文件内容

图 5-86 "已完成打包"对话框、压缩文件内容

4. 打印演示文稿

演示文稿不仅可以现场演示，还可以将其打印在纸张上，手持演讲或分发给观众作为演讲提示等。打印演示文稿的方法：选择"文件"→"打印"→"打印"命令，打开"打印"对话框，如图 5-87 所示。在其中可设置演示文稿的打印内容、打印份数、打印范围等。

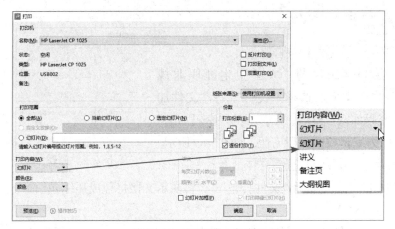

图 5-87 "打印"对话框

不同打印内容的预览效果如图 5-88 所示。

(a) "整张幻灯片"打印效果

(b) "备注页"打印效果

(c) "大纲"打印效果

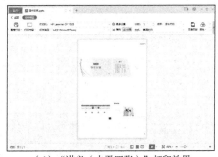

(d) "讲义(水平四张)"打印效果

图 5-88 不同打印内容的预览效果图

5. 输出 PDF 文件

若要在没有安装 WPS Office 的计算机中使用演示文稿,可将其转换为 PDF 文件,再进行演示。将演示文稿转换为 PDF 的方法:选择"文件"→"输出为 PDF"命令,打开"输出为 PDF"对话框,在其中可设置输出为 PDF 的演示文稿的文件、范围等。

任务实现

1. 演示文稿设置密码加密

打开项目 4 保存的"大学生生涯职业规划.pptx"演示文稿。选择"文件"→"文件加密"→"密码加密"命令，在打开的"密码加密"对话框中，为编辑权限设置密码，如图 5-89 所示。

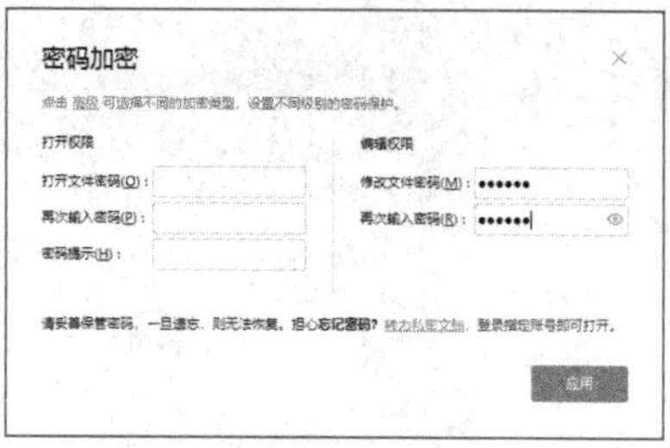

图 5-89 "密码加密"对话框

2. 演示文稿打包为压缩文件

在"文件"菜单中选择"文件打包"→"将演示文档打包成压缩包"命令，打开"演示文件打包"对话框。

在"压缩文件名"文本框中输入压缩文件夹名称，在"位置"文本框中输入文件夹位置，可单击"浏览"按钮打开对话框选择保存位置。

单击"确定"按钮执行打包操作。

3. 演示文稿输出为 PDF 文件

选择"文件"→"输出为 PDF"命令，打开"输出为 PDF"对话框，如图 5-90 所示。在其中可设置输出为 PDF 的演示文稿的文件、范围等。

图 5-90 "输出为 PDF"对话框

拓展练习

一、请扫码完成本项目测试

交互式练习

二、试一试以下操作

查找有关春节的相关资料，制作介绍春节的演示文稿，要求如下：

1. 至少包含 6 张幻灯片。

2. 首页幻灯片采用"标题"幻灯片版式，且标题采用艺术字；副标题写明"制作人：XXX（例：制作人：张三）"，插入背景音乐。

3. 第二页幻灯片为目录页，版式为："标题和内容"，需包含到其他页面的超链接。

4. 第三页幻灯片开始为具体介绍春节的内容，内容版式自定，内容必须包含：插入图片、插入表格。从第三页开始，右下角插入动作按钮，单击动作按钮需返回目录页；其他内容自定。

5. 每页都包含幻灯片切换，切换效果自定义。

6. 每页至少一个对象有动画效果。

参考文献

[1] 向春枝.计算机基础项目化教程：Windows 7+Office 2013 [M].苏州：苏州大学出版社，2018:16-20.

[2] 董荣胜.计算思维与计算机导论 [J].计算机科学，2009，36(4):50-52.

[3] 周以真.计算思维 [C] 新观点新学说学术沙龙文集7：教育创新与创新人才培养，2007:122-127.

[4] 陈晶.教育信息化2.0时代高职院校教师信息素养提升的三重维度 [J].职业教育研究，2022(2):78-83.

[5] 苏曙光，沈刚，邹德清.国产化背景下操作系统创新人才培养思考与实践 [J].高等工程教育研究，2022(2):52-57.

[6] 庞敬文，刘东波，卜凡丽，等.基于智慧课堂环境的小学数学教师信息技术应用能力测评事理图谱研究 [J].现代教育技术，2022，32(2):81-89.

[7] 丁喜纲.数字素养视角下高职信息技术课程建设研究:《高等职业教育专科信息技术课程标准》实施策略 [J].天津中德应用技术大学学报，2022(1):64-68.

[8] 申利飞.信息化背景下计算机操作系统发展现状及对策 [J].信息与电脑（理论版），2022，34(1):44-46.

[9] 孙兆宽.WPS文字处理软件中的表格应用技巧 [J].信息与电脑（理论版），2021，33(3):47-48.

[10] 张惠香.WPS文字随心所欲做表格 [J].电脑爱好者，2016(19):66-67.

[11] 张惠香.用好WPS文字 排书你也能 [J].电脑爱好者，2015(11):54-55.

[12] 李培维，谢海华."互联网+"时代馆员在大学生信息素养教育中的角色重塑 [J].图书馆学刊，2022，44(1):28-33.

[13] 冯秀玲.WPS表格中分类汇总使用技巧研究 [J].通讯世界，2017(11):269-270.

[14] 刘小凤，卿太祥.大学生信息素养教育中的"以赛促学"模式研究：以全国财经高校大学生信息素养大赛为例 [J].山东图书馆学刊，2021(6):66-71.

[15] 王志军.WPS Office 2019使用全攻略 [J].电脑知识与技术（经验技巧），2019(8):5-15.

[16] 彭仲昆.WPS Office 2016应用基础教程 [M].南京：东南大学出版社，2019.

[17] 宋奇.《WPS 2019》新版详细体验 [J].计算机与网络，2018，44(15):36-37.

[18] 曹陈萍.大学计算机应用基础 [M].北京：人民邮电出版社，2021.